第 2 章 花草生长特效动画技术

第 3 章　雨滴滑落特效动画技术

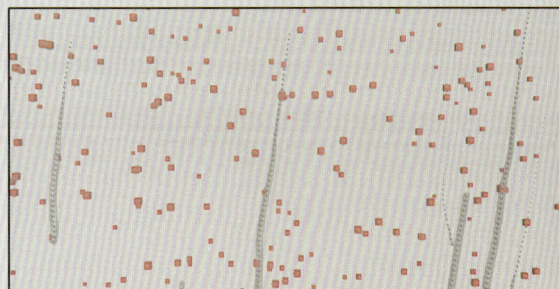

第 4 章　液体环绕特效动画技术

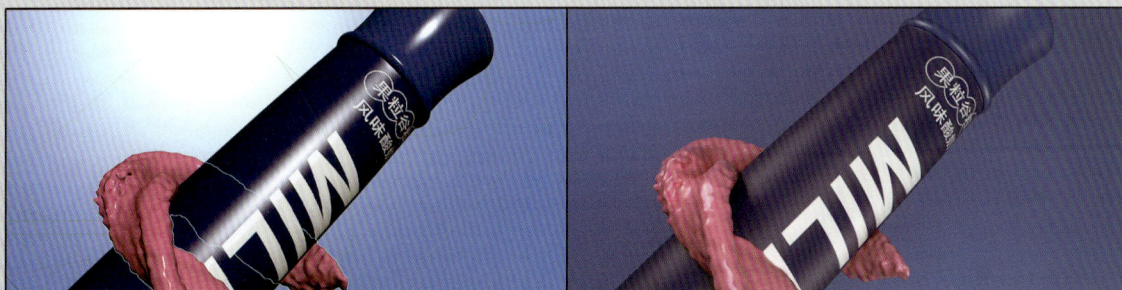

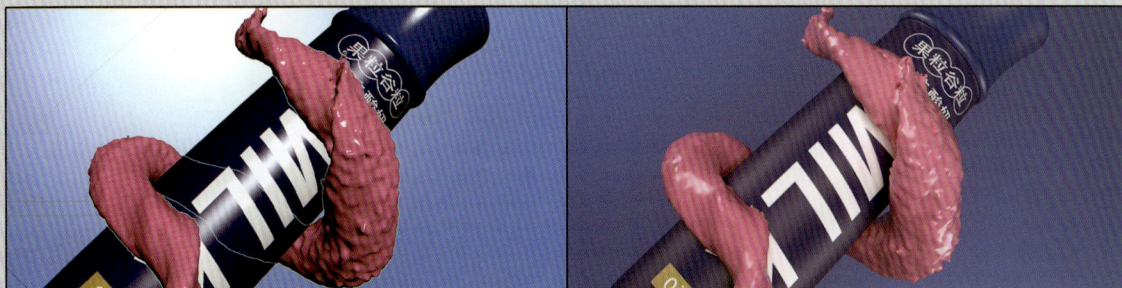

第 5 章 游艇浪花特效动画技术

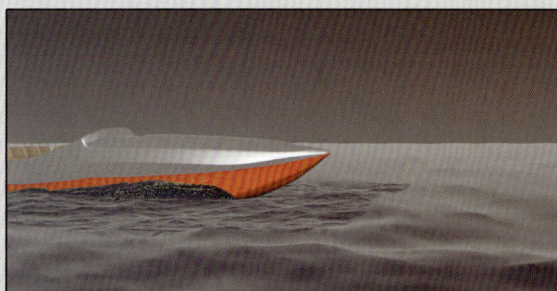

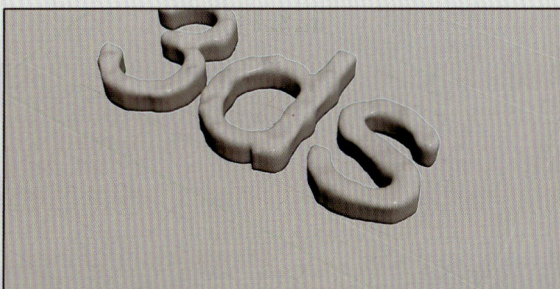

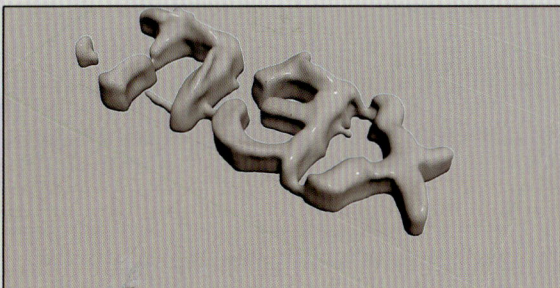

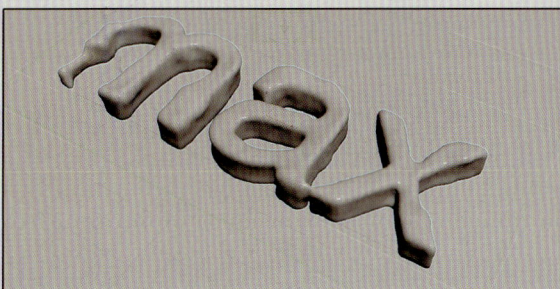

第 7 章　连续爆炸特效动画技术

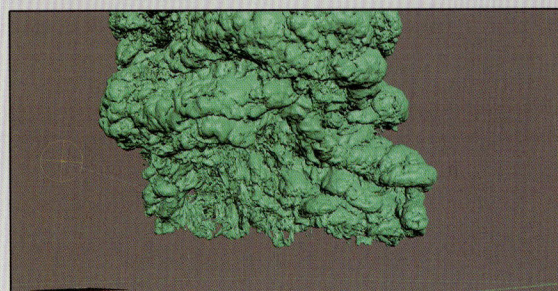

第 8 章 时间停止特效动画技术

第 9 章　火焰燃烧特效动画技术

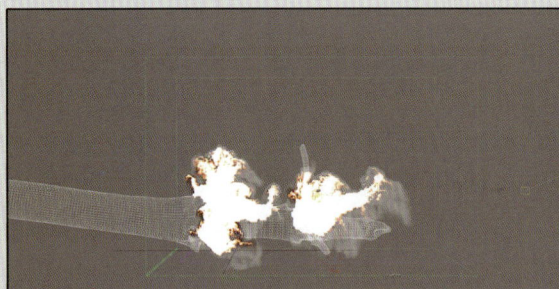

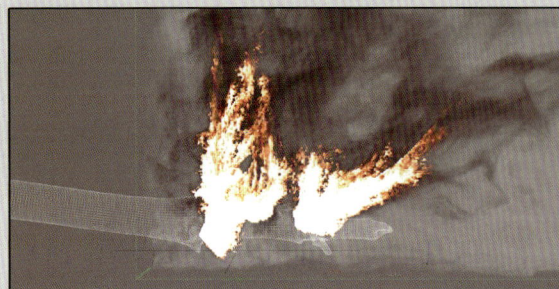

渲染王

第2版

3ds Max
三维特效动画技术

来阳 / 编著

清华大学出版社
北京

内 容 简 介

本书定位于三维动画制作中的特效动画领域，全面讲解了如何使用 3ds Max 2022 软件及相关插件 Phoenix FD 来制作三维特效动画，涉及的效果包括生长、燃烧、爆炸、浪花、飞溅等。本书实例可用于建筑动画、栏目包装动画等特效动画制作项目，均为非常典型的三维特效动画表现案例。本书内容丰富、章节独立，读者可直接阅读自己感兴趣或与工作相关的章节。

本书适合对 3ds Max 软件具有一定操作基础，并想要使用 3ds Max 软件来进行三维特效动画制作的读者阅读与学习，也适用于高校动画相关专业的学生学习参考。

图书在版编目（CIP）数据

渲染王 3ds Max 三维特效动画技术 / 来阳编著 . —2 版 . —北京：清华大学出版社，2022.6（2025.2重印）
ISBN 978-7-302-60802-8

Ⅰ.①渲…　Ⅱ.①来…　Ⅲ.①三维动画软件　Ⅳ.① TP391.414

中国版本图书馆 CIP 数据核字 (2022) 第 075806 号

责任编辑： 陈绿春
封面设计： 潘国文
责任校对： 胡伟民
责任印制： 宋　林

出版发行： 清华大学出版社
网　　址： https://www.tup.com.cn, https://www.wqxuetang.com
地　　址： 北京清华大学学研大厦 A 座　　　　　**邮　　编：** 100084
社 总 机： 010-83470000　　　　　　　　　　　**邮　　购：** 010-62786544
投稿与读者服务： 010-62776969，c-service@tup.tsinghua.edu.cn
质 量 反 馈： 010-62772015，zhiliang@tup.tsinghua.edu.cn
印 装 者： 三河市天利华印刷装订有限公司
经　　销： 全国新华书店
开　　本： 188mm×260mm　　**印　张：** 11.25　　**插　页：** 4　　**字　数：** 320 千字
版　　次： 2017 年 5 月第 1 版　2022 年 8 月第 2 版　　**印　次：** 2025 年 2 月第 2 次印刷
定　　价： 89.00 元

产品编号：096901-01

前　言

　　撰写三维特效动画方面的图书所花费的时间与精力通常比较多，一是因为市面上相似题材的图书较少，借鉴不多；二是动画技术相较于单帧的图像渲染技术要更加复杂。制作三维特效动画时，动画师不仅要熟知所要制作动画的相关运动规律知识，还要掌握更多的动画技术来支撑整个特效动画项目的完成，并且，在最终的三维动画模拟计算中，特效动画师还不得不在参数的设置和动画结果的计算时间上去寻找一个平衡点，尽量用最少的时间得到一个较为理想的特效动画模拟计算结果。相信许多学习过图像渲染技术的读者都知道渲染一张高品质的三维图像需要多少时间，同样，模拟三维特效动画也需要耗费大量的计算时间。本书秉承着作者之前所出版的书籍《渲染王3ds Max三维特效动画技术》的写作手法，尽自己的最大努力将工作中所接触到的项目融入书中，希望读者通过阅读本书，能够更加熟悉这一行业对一线项目制作人员的技术要求，掌握解决相关技术问题需要采取的应对措施。

　　本书中的每章均有需要使用到的插件技术介绍。关于插件的认知，很多初学者最常提问的就是学3ds Max是不是一定要学插件？我个人认为是否定的。因为3ds Max软件本身的功能就很强大，也很完善，即使不使用插件，也可以制作出很多令人震撼的三维作品。那么，为什么还有这么多其他公司或个人开发3ds Max的插件呢？我觉得答案主要是便捷。如果不使用插件，3ds Max也可以使用自身的PF粒子系统制作出非常漂亮的诸如火焰及水花的特效动画效果，但是涉及的操作命令数量比较庞大，将这些操作组合起来不但非常麻烦，调试参数的过程也非常耗时。如果使用了插件，那么，这一制作过程将被大大简化，用户在掌握少量命令及调试少量参数的条件下，就可快速制作出高水准的特效动画效果，这无疑是令人振奋的。此外，在工作中，我也遇到过一些对插件技术持排斥态度的人，他们总觉得使用插件技术来制作动画是取巧的，不算真正的"硬功夫"。我觉得这没有必要，因为技术从来就不是越复杂越好，有简单实用的新技术，我们有什么理由去拒绝呢？

　　本书共10章，动画技术主要涉及粒子动画、液体动画、燃烧动画、爆炸动画等。每章都是一个独立的特效动画案例，所以，读者可按照自己的喜好直接阅读自己感兴趣的章节来进行学习制作。

　　本书是对2017年5月出版的《渲染王3ds Max三维特效动画技术》的升级，在去除旧版本中过时内容的基础上补充了新的案例，全新的排版设计使得书中的内容章节更具有层次感，力求带给读者更好的阅读体验。学习本书需安装Phoenix FD插件，需要注意的是Phoenix FD插件中的个别英文参数会出现单词字母显示不全的问题，本书在讲解到这些参数时都给出了正确的中文释义。此外，3ds Max软件的参数值显示会精确到小数点后一位，我们在输入数值的时候按整数输入即可。

　　写作是一件快乐的事情，在本书的出版过程中，清华大学出版社的各位老师做了很多工作，在此表示诚挚的感谢。

本书的工程文件和视频教学文件请扫描下面的二维码进行下载，如果在下载过程中碰到问题，请联系陈老师，邮箱：chenlch@tup.tsinghua.edu.cn。

由于作者水平有限，书中疏漏之处在所难免。如果有任何技术问题请扫描下面的二维码联系相关技术人员解决。

工程文件

视频教学

技术支持

来阳

2022年6月

目 录

第1章　三维特效动画概述　/　1

1.1　三维特效动画内涵　/　2
1.2　三维特效动画的应用　/　5
　　1.2.1　影视特效　/　5
　　1.2.2　建筑表现　/　6
　　1.2.3　栏目包装　/　6
　　1.2.4　游戏动画　/　7
1.3　我们身边的特效镜头　/　8
　　1.3.1　液体特效　/　8
　　1.3.2　烟雾特效　/　9
　　1.3.3　燃烧特效　/　9

第2章　花草生长特效动画技术　/　10

2.1　效果展示　/　11
2.2　使用弯曲修改器制作叶片动画　/　11
2.3　使用圆锥体制作花梗模型　/　15
2.4　使用噪波控制器制作花梗摇摆动画　/　16
2.5　使用弯曲修改器制作花瓣动画　/　19
2.6　使用约束来调整花的生长动画　/　21
2.7　制作第2个花模型　/　26
2.8　制作第3个花模型　/　27
2.9　制作小草模型　/　28
2.10　制作粒子流源关键帧动画　/　29
2.11　制作粒子动画　/　31

第3章　雨滴滑落特效动画技术 / 40

3.1　效果展示 / 41

3.2　使用长方体制作玻璃模型 / 41

3.3　使用粒子流源控制雨滴的发射 / 43

3.4　使用重力制作雨滴下落动画 / 44

3.5　使用全导向器制作雨滴碰撞动画 / 46

3.6　制作雨滴在玻璃上的滑落动画 / 48

3.7　使用水滴网格制作雨滴模型 / 53

3.8　制作雨滴和玻璃材质 / 54

3.9　创建摄影机及灯光 / 57

3.10　渲染输出 / 58

第4章　液体环绕特效动画技术 / 60

4.1　效果展示 / 61

4.2　制作液体发射装置 / 61

4.3　使用FollowPath制作液体环绕动画 / 64

4.4　使用PHXTurbulence调整液体细节 / 67

4.5　创建摄影机及灯光 / 69

4.6　材质制作 / 72

4.7　渲染输出 / 74

第5章　游艇浪花特效动画技术 / 75

5.1　效果展示 / 76

5.2　场景介绍 / 76

5.3　制作LiquidSim跟随动画 / 78

5.4　使用LiquidSim计算波浪效果 / 82

5.5　使用LiquidSim制作飞溅及泡沫效果 / 86

5.6　使用物理材质制作海洋材质 / 89

5.7　添加摄影机及灯光 / 92

5.8　渲染输出 / 94

第6章　文字变形特效动画技术 / 96

6.1　效果展示 / 97

6.2　创建文字模型 / 97

6.3　使用LiquidSim制作液体文字 / 100

6.4　使用BodyForce制作液体文字变形 / 102

6.5　材质及灯光设置 / 106

6.6　渲染输出 / 109

第7章　连续爆炸特效动画技术 / 110

7.1　效果展示 / 111

7.2　使用PHXSource制作爆炸发射装置 / 111

7.3　使用FireSmokeSim模拟爆炸效果 / 114

7.4　制作连续爆炸动画 / 118

7.5　创建摄影机及灯光 / 120

7.6　渲染输出 / 123

第8章　时间停止特效动画技术　/　125

8.1　效果展示　/　126
8.2　场景分析　/　126
8.3　创建液体发射装置　/　128
8.4　使用LiquidSim创建液体　/　129
8.5　使用PHXTurbulence制作液体飞溅　/　131
8.6　制作摄影机动画　/　135
8.7　渲染输出　/　137

第9章　火焰燃烧特效动画技术　/　140

9.1　效果展示　/　141
9.2　场景分析　/　141
9.3　使用FireSmokeSim制作火焰燃烧动画　/　142
9.4　使用顶点绘制控制火焰的燃烧位置　/　146
9.5　使用PlainForce模拟风效果　/　149
9.6　使用PHXTurbulence添加燃烧细节　/　150
9.7　创建摄影机和灯光　/　152
9.8　渲染输出　/　155

第10章　火焰喷射特效动画技术　/　157

10.1　效果展示　/　158
10.2　创建粒子流源　/　158
10.3　在粒子视图中调整粒子动画　/　160
10.4　使用FireSmokeSim制作火焰燃烧动画　/　162
10.5　创建物理摄影机　/　168
10.6　渲染设置　/　170

第1章
三维特效动画概述

随着计算机动画制作技术的不断发展及动画师对特效动画表现的不断研究，特效动画的视觉效果已经达到了真假难辨的程度。虽然本书是一本主讲三维特效动画制作技术的书籍，但是，在本书的开始，仍然要简单介绍一下什么是三维特效动画。

提起特效动画，人们马上就会想起影院里上映影片中的各种燃烧、爆炸、烟雾弥漫、山崩地裂等特效镜头，这些特效镜头有些可以通过实拍获取，有些则无法实拍，只能通过计算机来进行三维特效动画制作。例如电影《2012》里的楼房倒塌镜头是绝对无法去真的爆破几栋高层楼房来进行拍摄的；电影《复仇者联盟》里的钢铁侠盔甲动画镜头也没法去研发一个可以变形的飞行装甲；同样，电影《博物馆奇妙夜》中的火山爆发镜头和电影《霍比特人》中的火龙喷火镜头也只能依靠高端三维特效动画制作技术来进行特效表现制作。如图1-1~图1-4所示分别为使用三维软件制作出来的特效静帧图片。

图 1-1

图 1-2

图 1-3

图 1-4

相较于艺术类专业里的大多数专业，动画是一门年轻的学科，也是一门正在成长的学科。动画根据不同的表现内容及行业标准可以分为建筑动画、角色动画、特效动画、片头动画等。世界著名的迪士尼动画公司在1930年时只有两名从事特效动画制作的员工，而在不到十年的时间内，该公司的特效部规模已达到百人以上。从1995年推出的三维动画片《玩具总动员》开始，三维动画技术被广泛地应用到了迪士尼公司所生产的三维动画影片及真人动画影片中，同时，特效动画的制作技术也相应地完成了由手绘动画至三维计算机动画的转型发展。由此可见，就像大多数学科一样，特效动画也经历了一段从无到有、从被人忽视到备受瞩目的历史时期。如图1-5所示为使用三维动画软件所制作完成的《土豆侠》角色形象（图片由福州天之谷网络科技有限公司授权）。

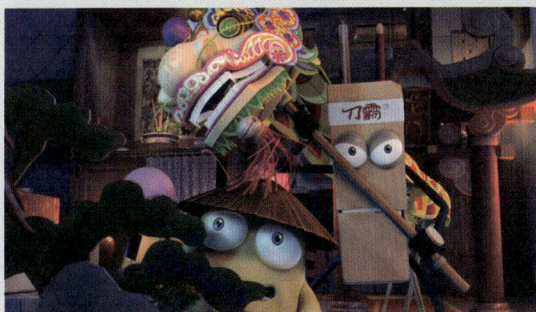

图 1-5

  毫无疑问，无论是想学好特效动画技术的动画师，还是想使用特效动画技术的项目负责人，都必须给予三维特效动画技术足够的重视、肯定及尊敬。提起三维特效动画，人们首先就会觉得制作方便、效果逼真。的确，使用计算机来制作特效动画不再需要像传统的手绘一样去逐帧进行绘制，例如制作一段火焰燃烧动画，动画师只要在三维软件中进行一系列的参数设置，经过一段时间的计算机计算，计算机就会生成这一镜头每帧的火焰燃烧形态，这种使用计算机来计算动画结果的制作方式让很多人误认为当今学习计算机动画已然变得很轻松，只要设置几个参数就可以制作一段效果逼真的燃烧特效动画。但是，三维特效动画的制作真的如此简单么？答案当然是否定的。计算机只是帮助动画师去计算火焰的形态，而制作火焰燃烧所需要的动画设置技术却远远比人们想象的要复杂得多。如图1-6所示为Pete Draper（2008）在其著作 *Deconstructing the Elements with 3ds Max, Third Edition: Create natural fire, earth, air and water without plug-ins* 一书中，为读者讲解使用3ds Max软件的"粒子流源"对象创建效果极佳的火焰燃烧特效时所使用的粒子结构设置图，其中粒子操作符就使用了多达52个，而这还不包括场景中复杂的灯光及材质设置技术。

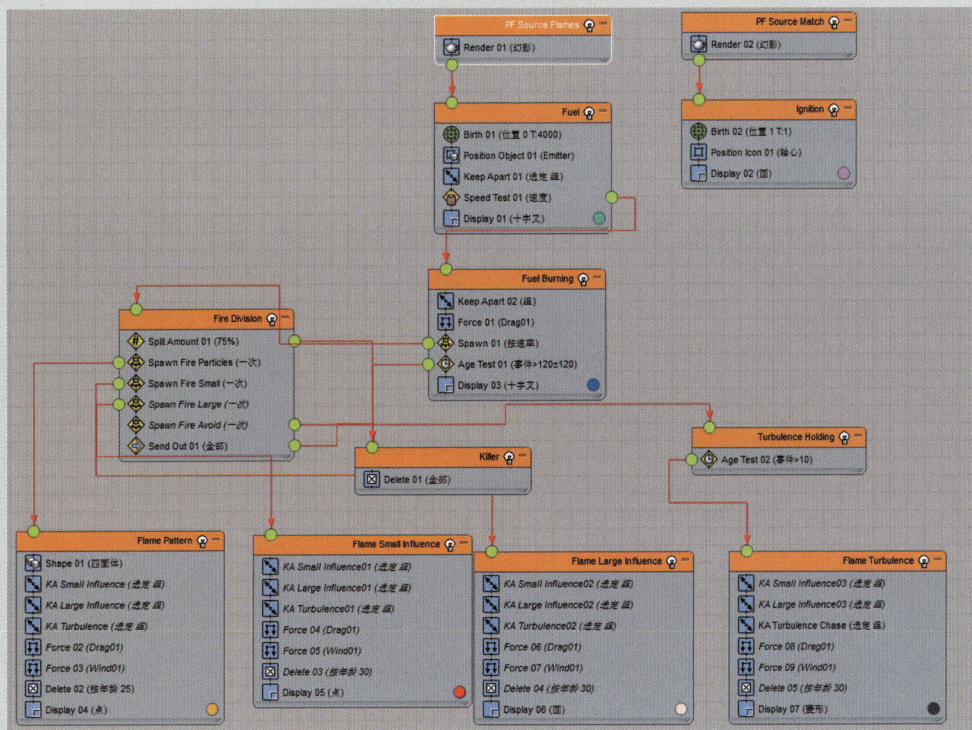

图 1-6

3

早在20世纪80年代左右，计算机制图技术刚刚发展，工业光魔资深视觉特效师Dennis Muren想要将计算机制图技术应用于他们所拍摄的电影中时，由于不懂得计算机技术所产生的恐慌导致否定的情绪不断产生，使得这一计划遭到了很多电影人的强烈反对。使用计算机技术来代替传统的影片拍摄手法让很多技术转型的人心存不满，甚至担心自己将来会因此而失业。工业光魔美术师Jean Bolte在刚刚进行计算机绘图技术的学习时也曾遭到了人们的很多指责，但是，数码影像后来获取了整个模型部的认可，CG技术的广泛使用最终在电影里取得了很大的成功。后来，工业光魔将胶片时代改写为全新的数字时代，并获得了15次奥斯卡最佳特效奖和23次奥斯卡提名，如图1-7所示。

图 1-7

三维特效动画制作技术一直是三维软件学习中的一个难点，同时，这一技术也不仅限于之前所说的燃烧、爆炸、烟雾，诸如植物生长、建筑生长、破碎动画、变形动画等也都属于特效动画的技术范畴。那么，什么是特效动画呢？美国动画特效专家Joseph Gilland（2009）在其著作*Elemental Magic: The Art of Special Effects Animation*中认为，特效动画是诸如表现地震、火山、闪电、雨水、烟尘、波浪、雪花等自然界存在的以及不存在的魔法等特殊效果的一门独立的艺术形式。这一描述也基本上涵盖了本书所要表现的制作内容，所以在本书中，三维特效动画仅狭义地认为是在计算机上使用三维动画软件来制作燃烧、爆炸、浪花、液体、破碎、植物生长等特殊的视觉效果动画。

在各个动画公司中，三维特效部都是一个大杂烩部门，当其他部门遇到了难以制作的高难度动画镜头后，最终都会一股脑儿地扔给特效部。每一种类型的特效动画制作技术都差异巨大，并且，就算是制作同一类型的特效动画，在三维软件中也需要掌握多种技术手法才能满足不同的项目要求。所以，能在特效部坚持下来的动画师基本上都精通最高端、最前沿的三维动画技术。

仍然以制作火焰特效动画为例，在Autodesk公司出品的旗舰级动画软件Autodesk 3ds Max中，就有多种技术手段来进行表现制作。3ds Max最早为用户提供了一种使用"大气效果"来进行火焰制作的动画解决方案，这一技术设置简单，但是效果却差强人意。之后，三维艺术家们发现使用"喷射"粒子来进行火焰燃烧的动画制作效果也不错，并广泛将其应用于游戏动画制作中。到了3ds Max 6这一版本，新增的"粒子流源"这一工具使得动画师对粒子的设置又有了新的认识。现在，广告公司及影视特效公司则开始普遍在3ds Max中安装第三方软件公司所生产的付费插件来制作火焰燃烧的效果。随着软件技术的不断发展，动画师可以以更加便捷的技术制作出效果逼真的特效动画，如图1-8~图1-10所示分别为使用不同技术所制作出来的火焰燃烧效果。

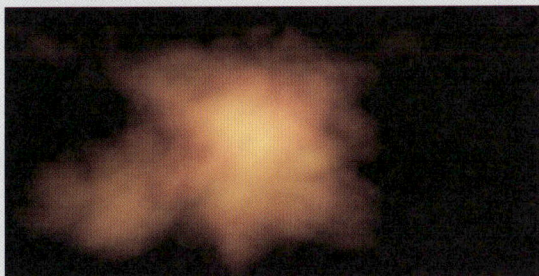

图 1-8

图 1-9

图 1-10

1.2 三维特效动画的应用

三维特效动画技术如今已经发展得相当成熟，在各个行业的可视化产品中均起到画龙点睛的作用。

1.2.1 影视特效

当前，电影中的各种特效镜头正以一个非常密集的数量来吸引人们的眼球，可以说，没有特效镜头的影片都不算大片。在此基础上，一些著名的电影特效公司应运而生，例如大名鼎鼎的工业光魔（Industrial Light and Magic），从1977年《星球大战》的成功开始，其电影特效技术已经代表了当今电影特效行业顶尖的制作水准，并于2005年获得了由美国总统布什所授予的美国国家最高科学技术奖，其代表作有《钢铁侠》《变形金刚》等。电影中的特效镜头不仅可以展示出一些现实中很难去真正拍摄的画面，还可以节省影片的制作成本，如图1-11和图1-12所示。

图 1-11

图 1-12

1.2.2 建筑表现

建筑动画里也会出现一些表现雨天、雪天、四季变换等的特效动画镜头，这些动画镜头所表现出的天气状况会让建筑给人一种别样的画面美感，如图1-13和图1-14所示。

图　1-13　　　　　　　　　　　　　　　图　1-14

不一定所有的特效动画都源于自然，例如建筑生长动画，建筑当然不可能像动画中那样以一种很快的节奏配合激昂的背景音乐拔地而起，但是这一特效的确是建筑动画里的一个亮点，如图1-15所示。

图　1-15

1.2.3 栏目包装

栏目包装已经将文字类的特效动画应用到了极致，如文字组合、文字消散等动画，如图1-16所示。

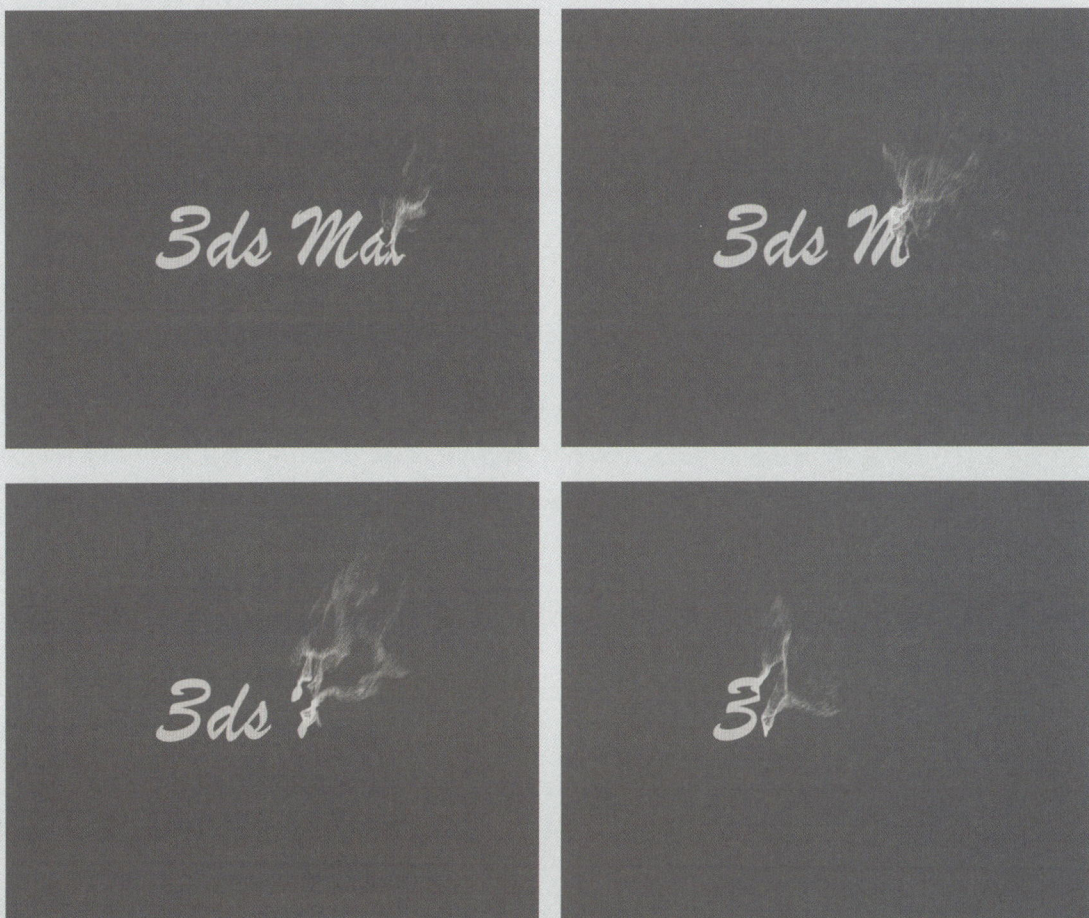

图 1-16

1.2.4　游戏动画

　　在游戏中，特效动画的应用已经达到了一个惊人的程度，无论是射击游戏、角色扮演游戏还是打怪升级的网络游戏，如果特效做得不好，会直接影响游戏的可玩性和销售量，如图1-17所示。

图 1-17

1.3 我们身边的特效镜头

要想制作出效果逼真的特效动画镜头，就必须对所要制作的效果充分了解。细心留意我们身边，可以发现很多的特效镜头，及时将这些画面记录下来，对于学习制作特效动画意义非凡。

1.3.1 液体特效

我们每天都会接触到液体，从早上起床开始，洗脸、刷牙、吃早餐等，液体特效充斥着我们的日常生活；一杯饮料、一块披萨、火锅里沸腾的汤水都可以让我们在轻松享用美餐的同时观察不同种类液体的特性展示；小区里的喷泉、鱼池也可以给我们以制作液体特效的灵感；当遇见阴雨天气时，我们也可以随手抓拍到身边精彩的特效画面来细细观摩，如图1-18~图1-21所示。

图 1-18

图 1-19

图 1-20

图 1-21

1.3.2　烟雾特效

工作闲暇之余的一支烟、工厂排放燃气的烟筒、晨起时的大雾，或是农贸商店里青菜区的水汽都是用来制作烟雾特效极好的参考素材，如图1-22和图1-23所示。

图　1-22　　　　　　　　　　　　　　　　　　图　1-23

1.3.3　燃烧特效

生活离不开火，农家炉灶里燃烧的柴火、用于加热菜品的蜡烛等，都可以让我们近距离安全地观察火焰的燃烧效果，如图1-24和图1-25所示。

图　1-24　　　　　　　　　　　　　　　　　　图　1-25

第2章

花草生长特效动画技术

2.1 效果展示

植物类生长特效动画一直是3ds Max特效动画中的一个难点，如果制作精细，无疑会成为整部动画影片中的一个特效亮点。在动画的制作设计中，考虑到由于是对成片的众多物体对象进行动画设置，所以在制作技术上首先考虑使用"粒子流源"进行制作。

本章的特效动画最终渲染效果如图2-1所示。

图 2-1

2.2 使用弯曲修改器制作叶片动画

步骤1：启动中文版3ds Max 2022软件，打开场景文件"单株花模型.max"，可以看到场景中为读者提供的用于制作单株植物生长动画的几个单体模型，分别有植物的叶片模型、花瓣模型以及一个花蕊模型，如图2-2所示。

步骤2：在进行叶片的动画制作之前，首先应调整完成模型的轴心点，这对将来的动画设置至关重要。选择植物的叶片模型，在"层次"面板中，单击"调整轴"卷展栏内的"仅影响轴"按钮，如图2-3所示。

步骤3：将叶片模型的轴调整到叶片模型的底部，如图2-4所示。设置完成后，再次单击"仅影响轴"按钮，结束对叶片模型轴心点的调整。

步骤4：在"修改"面板中，为植物叶片模型添加一个"弯曲"修改器，并设置"方向"为90，如图2-5所示。需要注意的是，"弯曲"修改器在"修改器列表"中的名称为中文，但是添加完成后会显示为英文名称Bend。

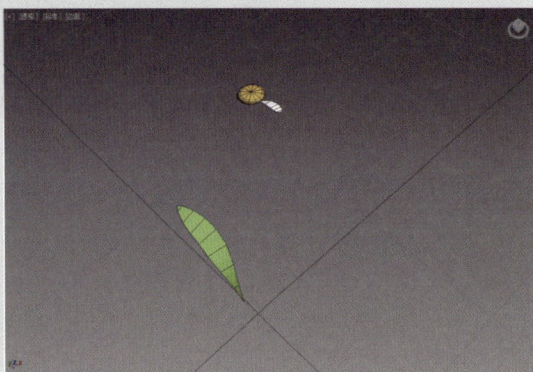

图 2-2

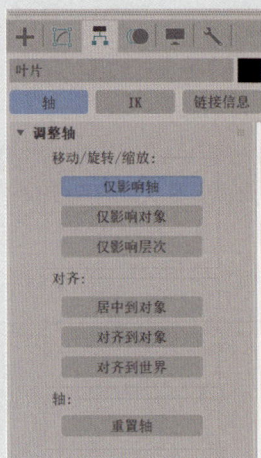

图 2-3

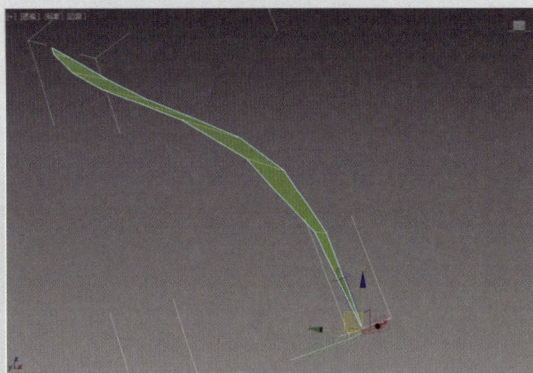

图 2-4

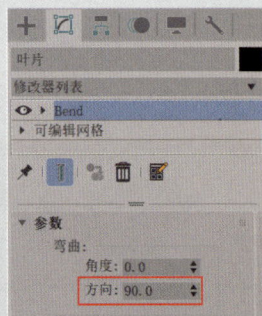

图 2-5

步骤5：单击"自动"按钮，开启"自动关键点"模式。下面开始进行叶片动画的设置制作。

◎技巧与提示·○

　　开启及关闭"自动"按钮的快捷键为N。在"自动关键点"模式下，按钮呈红色显示，说明3ds Max现在可以捕获场景中的数据更改以产生动画关键帧，如图2-6所示。

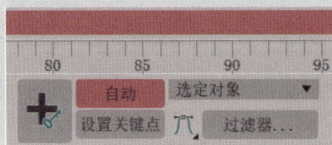

图 2-6

　　步骤6：在第24帧位置处，在"修改"面板中，展开"弯曲"修改器的"参数"卷展栏，设置"弯曲"组内的"角度"为-54，如图2-7所示。设置完成后，即可在"轨迹栏"内看到生成的动画关键帧，如图2-8所示。

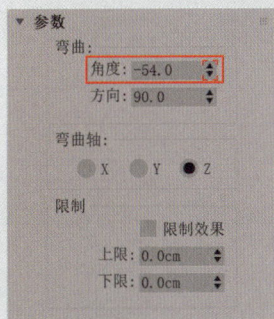

参数
弯曲:
角度: -54.0
方向: 90.0

弯曲轴:
○ X   ○ Y   ● Z

限制
☐ 限制效果
上限: 0.0cm
下限: 0.0cm

图 2-7

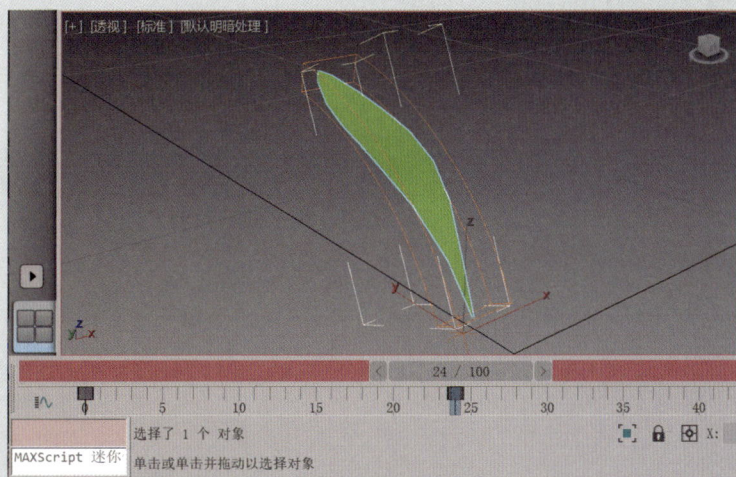

[+] [透视] [标准] [默认明暗处理]

24 / 100

0   5   10   15   20   25   30   35   40

MAXScript 迷你   选择了 1 个 对象
单击或单击并拖动以选择对象

图 2-8

步骤7: 在"轨迹栏"内,拖动第0帧的动画关键帧至第9帧,调整植物叶片生长的时间段,设置完成后,拖动"时间滑块",即可在视图中观察叶片的弯曲动画,如图2-9所示。

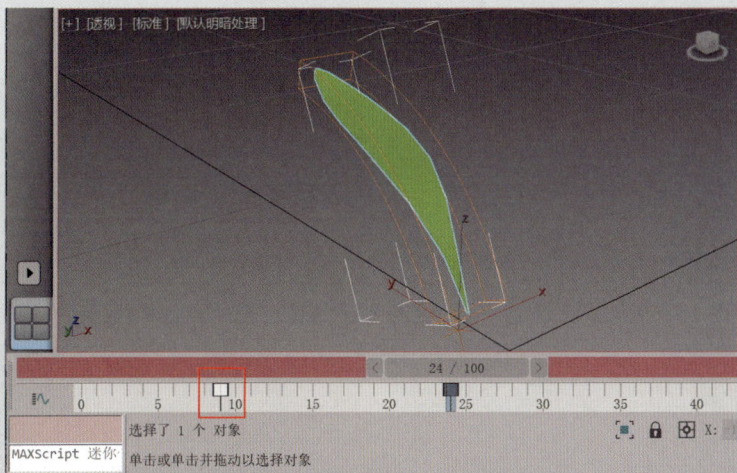

[+] [透视] [标准] [默认明暗处理]

24 / 100

0   10   15   20   25   30   35   40

MAXScript 迷你   选择了 1 个 对象
单击或单击并拖动以选择对象

图 2-9

步骤8: 将"时间滑块"按钮拖曳至第24帧,在"时间滑块"按钮上右击,即可弹出"创建关键点"对话框,如图2-10所示。

步骤9: 在"创建关键点"对话框中,取消勾选"位置"和"旋转"选项,只勾选"缩放"复选框,单击"确定"按钮,即可在第24帧上添加植物叶片的"缩放"属性关键帧,如图2-11所示。

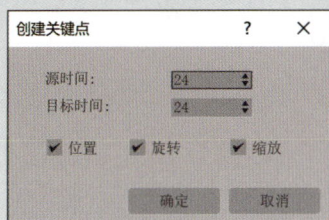

创建关键点   ?   ×

源时间: 24
目标时间: 24

☑ 位置   ☑ 旋转   ☑ 缩放

确定   取消

图 2-10

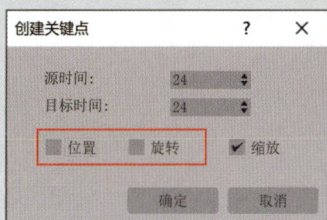

创建关键点   ?   ×

源时间: 24
目标时间: 24

☐ 位置   ☐ 旋转   ☑ 缩放

确定   取消

图 2-11

13

步骤10：将"时间滑块"按钮拖曳至第9帧，选择植物叶片模型，右击，在弹出的快捷菜单中单击"缩放"命令后面的"设置"按钮，如图2-12所示，即可打开"缩放变换输入"对话框，如图2-13所示。

步骤11：在"缩放变换输入"对话框中，将"绝对：局部"组内的X、Y、Z值全部设置为0，如图2-14所示，设置完成后，关闭"缩放变换输入"对话框。这样便制作出了叶片的缩放动画。

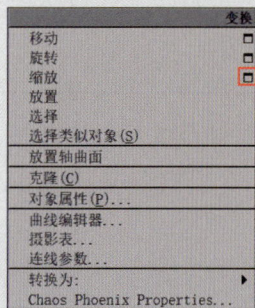 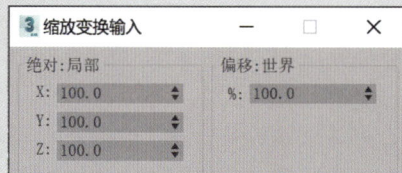 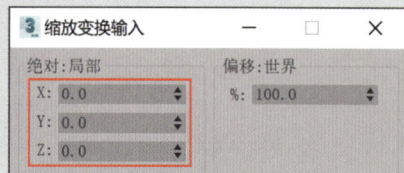

图 2-12 图 2-13 图 2-14

步骤12：动画制作完成后，按N键退出"自动关键点"模式。拖动"时间滑块"按钮，制作完成的叶片生长动画如图2-15所示。

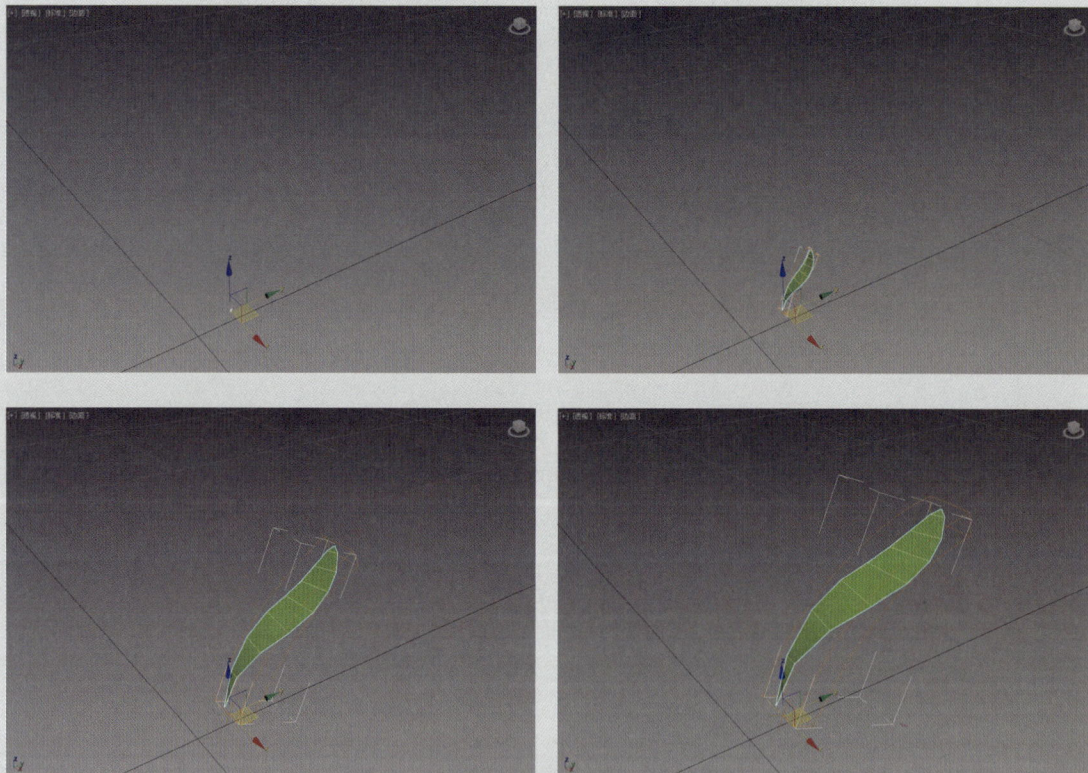

图 2-15

步骤13：按Shift键，选择复制多个叶片模型，随机调整叶片的缩放大小并调整每一片叶子的关键帧位置，完成单株植物的叶片动画制作，如图2-16所示。

图 2-16

步骤14：制作完成后的植物叶片动画效果如图2-17所示。

图 2-17

2.3 使用圆锥体制作花梗模型

步骤1：在"创建"面板中，单击"圆锥体"按钮，如图2-18所示。在场景的植物叶片位置处创建一个圆锥体。

步骤2：在"修改"面板中，设置圆锥体的"半径1"为0.1cm，"半径2"为0.08cm，"高度"为

17cm，"高度分段"为14，"边数"为6，如图2-19所示。

步骤3：在"修改器列表"中，为圆锥体模型添加"噪波"修改器，如图2-20所示，设置花梗的随机扭曲形态。

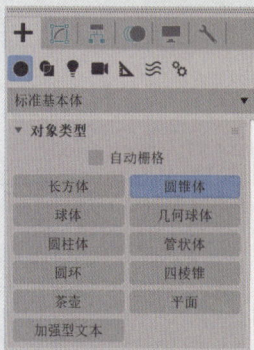

图 2-18

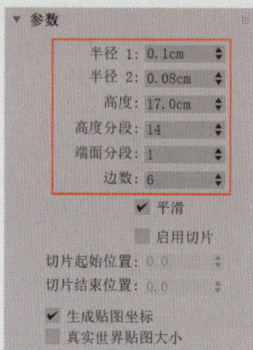

图 2-19

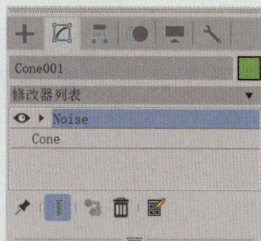

图 2-20

步骤4：展开"噪波"修改器的"参数"卷展栏，设置"噪波"组内的"比例"为10，设置"强度"组内的X、Y、Z均为6cm，如图2-21所示。

步骤5：设置完成后，花梗的形态如图2-22所示。

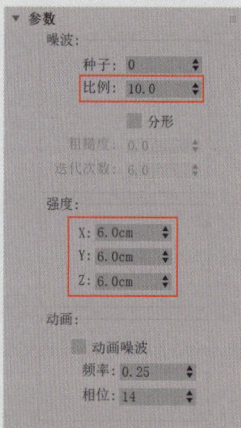

图 2-21

图 2-22

2.4 使用噪波控制器制作花梗摇摆动画

步骤1：在场景中选择花梗模型，在"修改器列表"中选择并添加"弯曲"修改器，如图2-23所示。

步骤2：在"修改"面板中，将光标移动至"弯曲"组内的"角度"参数后的微调器上。右击，在弹出的快捷菜单中执行"在轨迹视图中显示"命令，如图2-24所示，即可弹出"选定对象"面板，如图2-25所示。

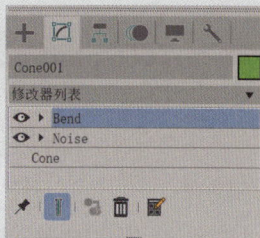

图 2-23

图 2-24

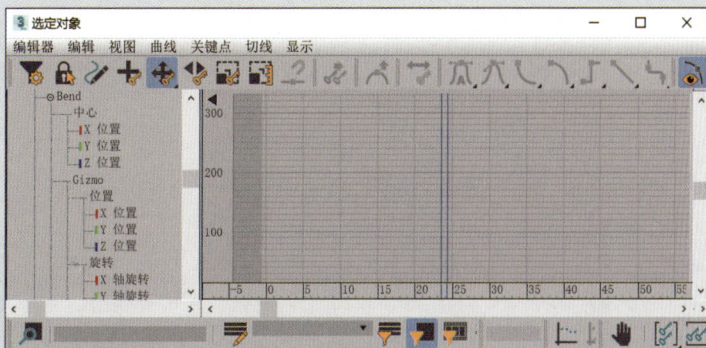

图 2-25

步骤3：在"选定对象"面板中，将光标移动至"角度"属性上，右击，在弹出的快捷菜单中执行"指定控制器"命令，如图2-26所示。

步骤4：在弹出的"指定浮点控制器"对话框中，选择"噪波浮点"命令，单击"确定"按钮，如图2-27所示。这时，系统会自动弹出"噪波控制器"对话框。

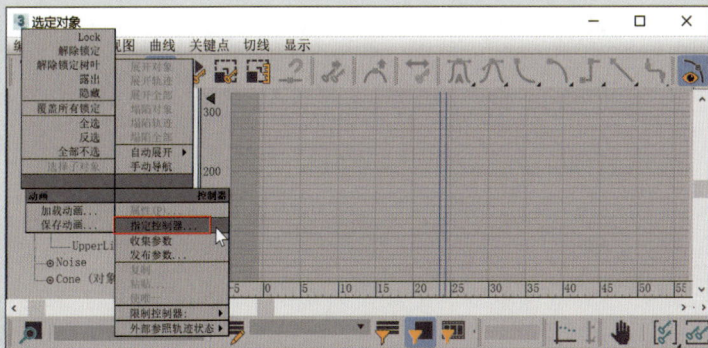

图 2-26

图 2-27

步骤5：在"噪波控制器"对话框中，设置"强度"的值为16.15，并勾选">0"选项，如图2-28所示。设置完成后，观察"选定对象"面板中"角度"的动画曲线，显示结果如图2-29所示。

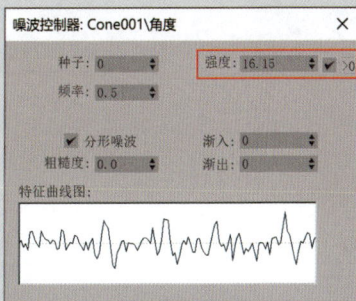

图 2-28

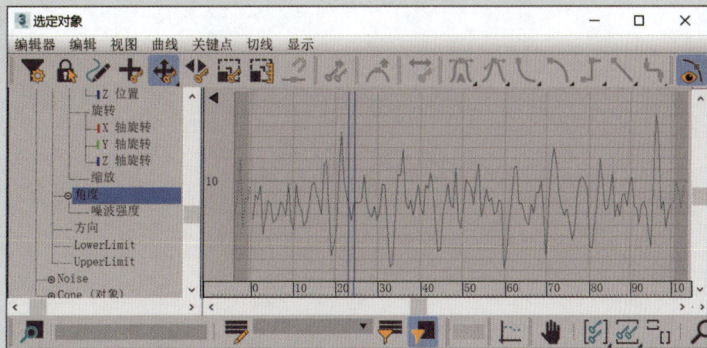

图 2-29

步骤6：设置完成后，拖动"时间滑块"按钮，即可在视图中观察花梗的摇摆动画，如图2-30所示。同时，在"修改"面板中，观察"弯曲"组内的"角度"参数已经变为灰色的锁定状态，如图2-31所示。

图 2-30

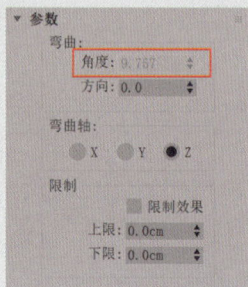

图 2-31

◎技巧与提示·∘

　　并不是所有的动画都需要单独设置关键帧，在本节所讲的动画设置中，通过使用控制器即可为对象设置动画制作，模拟出花梗迎风摇摆的动作。

步骤7：将"时间滑块"按钮拖动至第20帧，打开"修改"面板。设置"高度"为0cm，将光标移动至"高度"参数后面的微调器按钮上，使用组合键Shift+鼠标右键，即可为"高度"参数设置关键帧。这种设置关键帧的方式无须打开"自动关键点"按钮即可进行操作，设置完成后，"高度"参数后会出现一个红色的方形标记，如图2-32所示。

步骤8：按N键进入"自动关键点"模式。将"时间滑块"按钮拖动至第45帧，在"修改"面板中，设置"高度"的值为17cm，如图2-33所示。

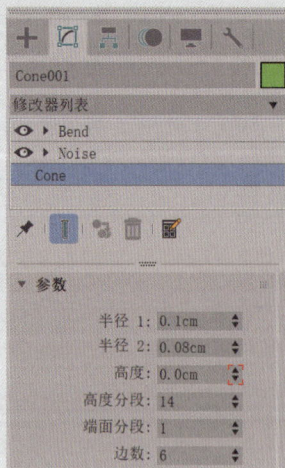

图 2-32

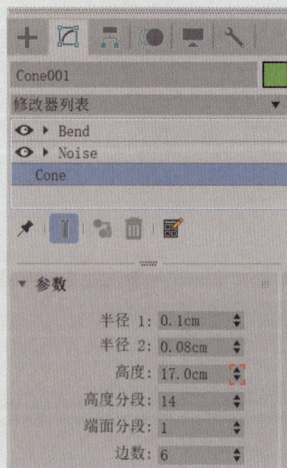

图 2-33

渲染王3ds Max三维特效动画技术（第2版）

制作植物生长动画应考虑植物的生长顺序，在本例中，25帧左右以前设置的是植物的叶片生长动画，那么花梗的生长则适宜在第20帧左右开始进行生长设置。即先长出叶片，再长出花梗，最后结出花骨朵，绽放花瓣。

步骤9：拖动"时间滑块"按钮，在视图中观察制作完成的花梗生长动画，如图2-34所示。

图 2-34

2.5 使用弯曲修改器制作花瓣动画

步骤1：在场景中选择植物的花瓣模型，参考前几节中讲解的方法将花瓣的坐标轴更改至如图2-35所示的位置处。

步骤2：在"修改"面板中，为花瓣模型添加一个"弯曲"修改器，如图2-36所示。

步骤3：将"时间滑块"按钮拖动至第48帧，在"修改"面板中，将光标移动至"弯曲"组内的"角度"参数后面的微调器上，使用组合键Shift+鼠标右键，为"角度"参数设置关键帧，如图2-37所示。

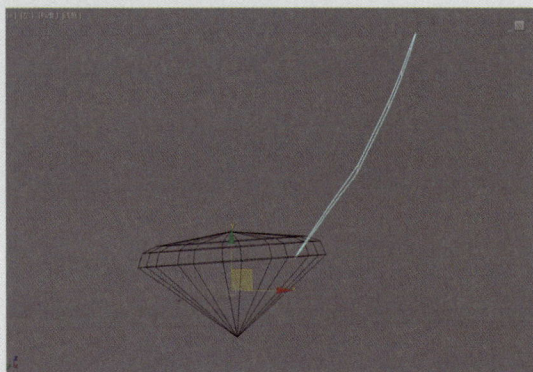
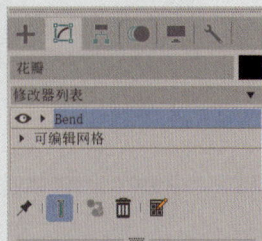

图 2-35　　　　　　　　　　图 2-36　　　　　　　　　图 2-37

步骤4：按N键打开"自动关键点"动画记录功能，将"时间滑块"按钮拖动至第56帧，在"修改"面板中，设置"角度"的值为66.5，如图2-38所示。制作完成的单片花瓣视图显示结果如图2-39所示。

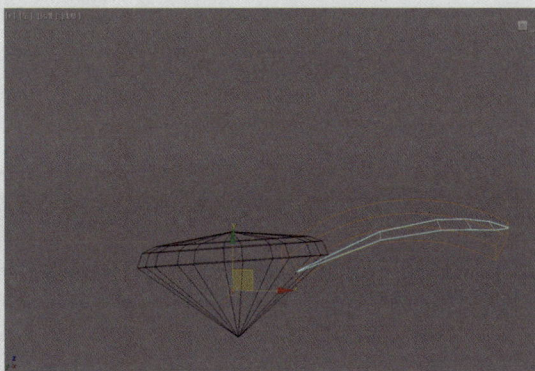

图 2-38　　　　　　　　　　　　　　　图 2-39

步骤5：再次按N键关闭"自动关键点"功能。按Shift键，围绕花蕊模型，以旋转复制的方式复制场景中的花瓣模型，如图2-40所示。

步骤6：微调每个花瓣的角度至如图2-41所示，使得花瓣的形态看起来不那么一致，并在必要处多复制几片花瓣模型。

图 2-40　　　　　　　　　　　　　　　图 2-41

步骤7：在"轨迹栏"内，选择每一片花瓣模型，随机调整"弯曲"修改器动画的关键帧位置，使得花瓣绽放的时间错落有致，看起来更加自然，如图2-42所示。

步骤8：调整完成后的花瓣关键帧在"轨迹栏"内的显示结果如图2-43所示，显得非常随机。

图 2-42

图 2-43

2.6 使用约束来调整花的生长动画

步骤1：将"创建"面板切换至"辅助对象"面板，单击"点"按钮，如图2-44所示。在场景中任意位置处创建一个点对象。

步骤2：选择点对象，执行菜单栏"动画/约束"|"附着约束"命令，如图2-45所示，会从点对象上生成一条虚线。这时，在场景中选择要附着的物体——花梗模型即可，如图2-46所示。

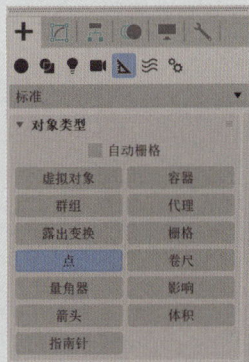

图 2-44

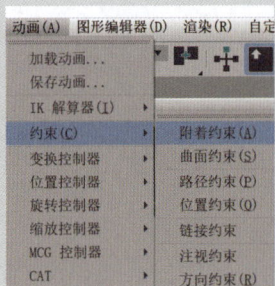

图 2-45

图 2-46

步骤3：设置完成后，在视图中观察，可以看到点对象已经附着于花梗模型上了，如图2-47所示。

步骤4：在"运动"面板中，展开"附着参数"卷展栏，单击"设置位置"按钮，如图2-48所示。

步骤5：在"透视"视图中单击花梗模型上方位置处，这时，系统会自动弹出"附着控制器"对话框，如图2-49所示。

图 2-47

图 2-48

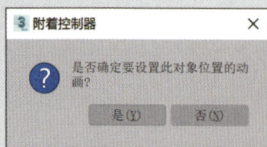

图 2-49

◎技巧与提示·∘

  为对象设置"附着约束"时，一般是先将"时间滑块"按钮拖动至第0帧开始设置，这样就不会弹出"附着控制器"对话框询问用户是否设置动画。但是在本案例中，由于为花梗模型先制作了生长动画，所以只能在花梗完全生长完成后的时间帧上来设置"附着约束"。

  步骤6：在"附着控制器"对话框中，单击"是"按钮，即可完成点对象约束位置的调整，并且在"轨迹栏"上可以看到刚刚为点对象设置附着约束所生成的关键帧，如图2-50所示。

图 2-50

渲染王3ds Max三维特效动画技术（第2版）

步骤7：选择点对象，在"轨迹栏"上将第0帧的关键帧选中，右击，在弹出的快捷菜单中执行"删除选定关键点"命令，即可删除点对象第0帧的关键帧，如图2-51所示。

步骤8：在场景中，选择所有的花瓣模型和花蕊模型，将其位置移动至点对象位置处，如图2-52所示。

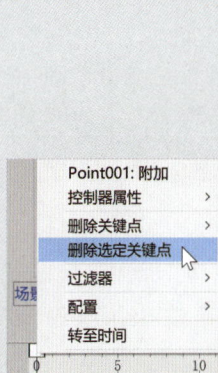

图 2-51　　　　　　　　　　　图 2-52

步骤9：单击"主工具栏"上的"选择并链接"按钮，如图2-53所示。将花瓣模型和花蕊模型链接至点对象上，如图2-54所示。

图 2-53　　　　　　　　　　　图 2-54

步骤10：拖动"时间滑块"按钮，在视图中观察制作完成的花瓣绑定结果，如图2-55所示。

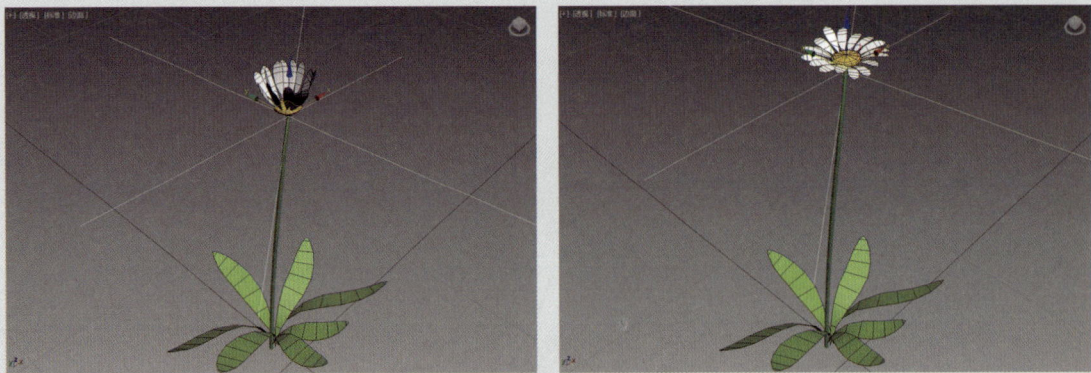

图 2-55

步骤11：选择点对象，将"时间滑块"按钮拖动至第56帧，并在"时间滑块"按钮上右击，弹出"创建关键点"对话框，取消勾选"位置"和"旋转"选项，并单击"确定"按钮，如图2-56所示。

步骤12：按N键开启"自动关键帧"功能。将"时间滑块"按钮拖曳至第48帧，选择点对象，右击，在弹出的快捷菜单中单击"缩放"命令后面的方形按钮，如图2-57所示，打开"缩放变换输入"对话框。

步骤13：在"缩放变换输入"对话框中，将"绝对：局部"组内的X、Y、Z值全部设置为0，如图2-58所示，设置完成后，关闭"缩放变换输入"对话框。这样便制作出了点对象的缩放动画，进而会影响子对象：花蕊和花瓣模型。

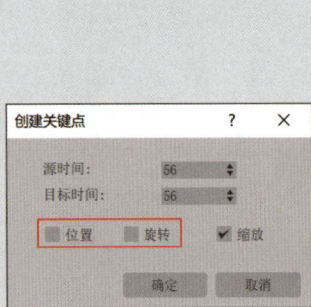

图 2-56

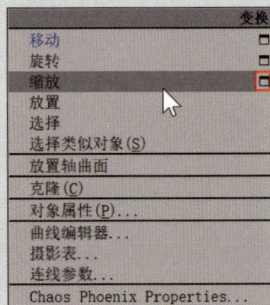

图 2-57

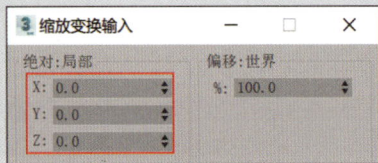

图 2-58

步骤14：拖动"时间滑块"按钮，在视图中观察制作完成的花瓣动画结果，如图2-59所示。

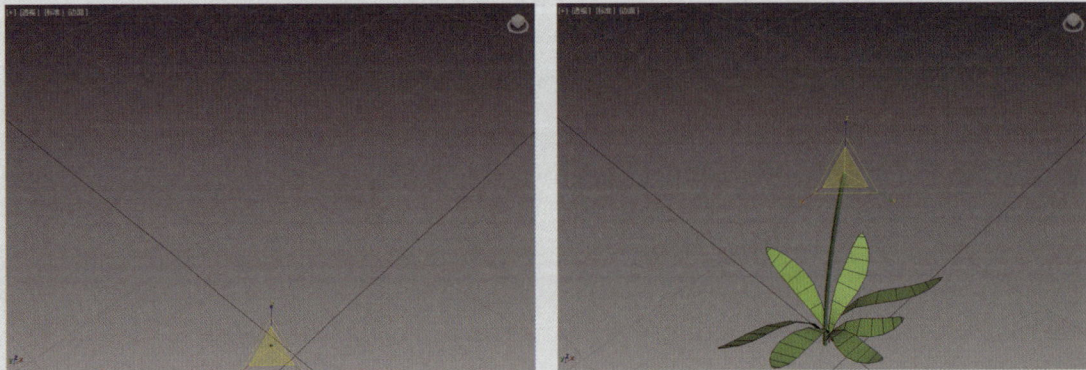

图 2-59

步骤15：将场景中的所有物体全部选中，执行菜单栏"组"|"组"命令，如图2-60所示。

步骤16：在自动弹出的"组"对话框中，将制作完成的单株植物组合重新命名为"白色花"，如图2-61所示。

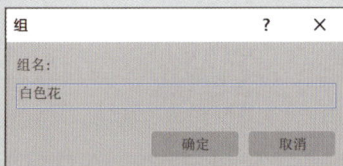

图 2-60

图 2-61

步骤17：制作完成的"白色花"在"轨迹栏"中所显示的动画关键帧如图2-62所示。

图 2-62

步骤1：在场景中选择"白色花"组合，按下Shift键，以拖曳的方式复制出一个植物模型组合，并重新命名为"小白色花"，如图2-63所示。

图　2-63

步骤2：执行菜单栏"组"|"打开"命令，如图2-64所示。将"小白色花"组合打开，这样可以单独选择组内的单个物体对象。

步骤3：选择花梗模型，将"时间滑块"按钮拖动至第45帧。按N键进入"自动关键点"模式。在"修改"面板中，将花梗的"高度"值更改为9cm，设置完成后，该属性后面会出现红色方形的关键帧标记，如图2-65所示。这样，这个"小白色花"的植物组合生长的高度则会略矮一些，如图2-66所示。

图　2-64

图　2-65

步骤4：再次按N键，退出"自动关键点"模式。然后随机旋转"小白色花"植物组合内的绿色叶片模型，设置完成后，执行菜单栏"组"|"关闭"命令，将组合关闭，如图2-67所示。制作完成后的第2个花模型效果如图2-68所示。

图 2-66

图 2-67　　　　　　　　　　图 2-68

2.8　制作第3个花模型

步骤1：按Shift键，再次以拖曳的方式复制出一个花模型组合，并将其重命名为"蓝色花"，如图2-69所示。

步骤2：将"蓝色花"植物组合打开，选择"蓝色花"组合内的全部花瓣模型，如图2-70所示。

图 2-69

图 2-70

步骤3：按M键，打开"材质编辑器"面板，将"蓝色花瓣"材质赋予给选择的花瓣模型对象，如图2-71所示。

步骤4：设置完成后，关闭"蓝色花"植物组合，制作完成的第3个花模型如图2-72所示。

图 2-71

图 2-72

2.9 制作小草模型

步骤1：按Shift键，再次以拖曳的方式复制出一个"白色花"植物组合，并将其重命名为"小草"，如图2-73所示。

步骤2：将"小草"植物组合打开，选择"小草"组合内的全部花瓣模型、花蕊模型及花梗模型，按Delete键删除，如图2-74所示。

图 2-73

图 2-74

步骤3：设置完成后，关闭"小草"植物组合，这样场景中就制作完成了4株带有生长动画的植物组合，如图2-75所示。

图 2-75

2.10 制作粒子流源关键帧动画

步骤1：在"创建"面板中，单击"文本"按钮，如图2-76所示。在"顶"视图中创建一个文本图形。

步骤2：在"修改"面板中，将"文本框"内的文字更改为MAX，并设置文字的字体为Arial Black，如图2-77所示。

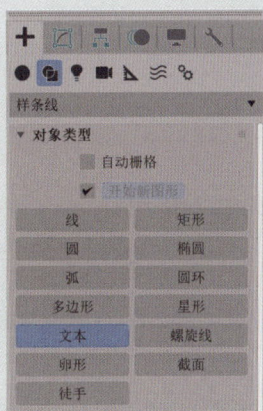

图 2-76

图 2-77

步骤3：在"修改器列表"中，为文本添加"编辑多边形"修改器，将文本图形转换为几何体对象，如图2-78所示。

步骤4：设置完成后，文字模型的视图显示结果如图2-79所示。

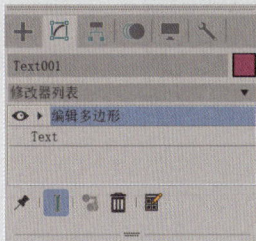

图 2-78

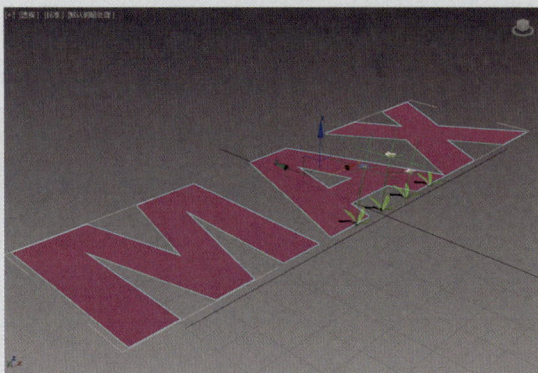

图 2-79

步骤5：执行菜单栏"图形编辑器"|"粒子视图"命令，如图2-80所示。打开"粒子视图"面板，如图2-81所示。

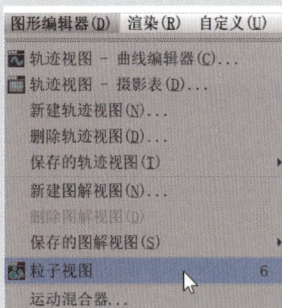

图 2-80

图 2-81

步骤6：在"粒子视图"面板下方的"仓库"中，选择"空流"操作符，并拖曳至"工作区"中，在右侧的"参数"面板中，展开"发射"卷展栏，设置"长度"为80cm，"宽度"为20cm，在"数量倍增"组内，设置"视口"为100，如图2-82所示。

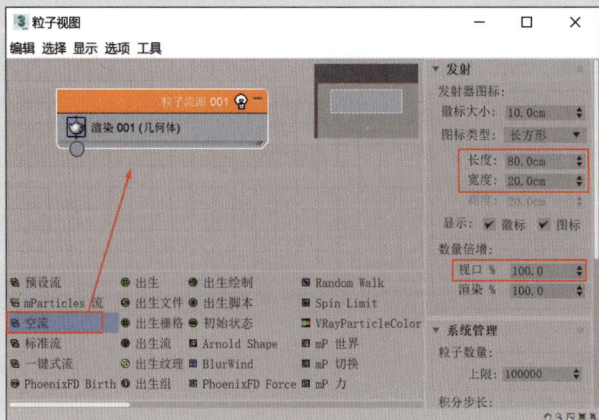

图 2-82

步骤7：设置完成后，在"透视"视图中观察，场景中已经有了"粒子流源"的图标，如图2-83所示。

步骤8：在第0帧位置处，移动"粒子流源"的图标至如图2-84所示位置处。

图 2-83

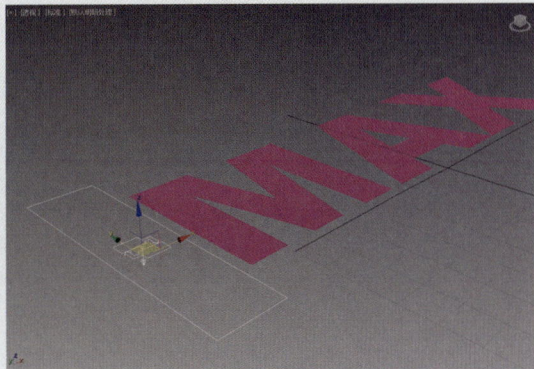

图 2-84

步骤9：按N键进入"自动关键点"模式。将"时间滑块"按钮拖动至第100帧，然后移动"粒子流源"的图标至如图2-85所示位置处，设置完成后，再次按N键退出"自动关键点"模式。

图 2-85

2.11 制作粒子动画

步骤1：在"仓库"中，选择"出生"操作符并拖曳至工作区中作为"事件001"，将其连接至"粒子流源001"上，如图2-86所示。

步骤2：在"参数"面板中，设置"出生"操作符的"发射开始"值为0，"发射停止"值为100，"数量"值为1000，即粒子在场景中从第0帧至第100帧这段时间内，一共发射1000个粒子，如图2-87所示。

步骤3：在"仓库"中，选择"位置图标"操作符并拖曳至工作区添加至"事件001"中，设置粒子从粒子的图标上进行发射，如图2-88所示。

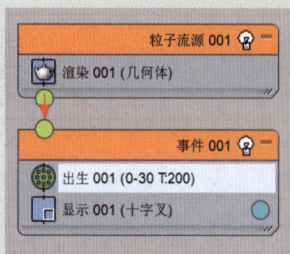 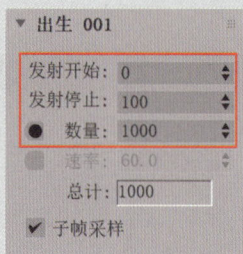 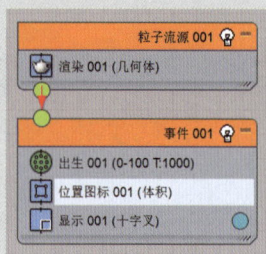

图 2-86　　　　　　　　图 2-87　　　　　　　　图 2-88

步骤4：在"创建"面板中，单击"重力"按钮，如图2-89所示。在场景中创建一个重力，如图2-90所示。

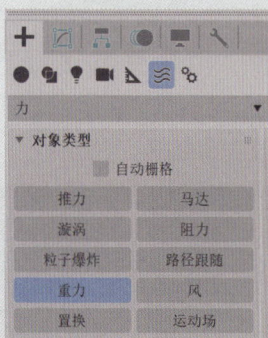 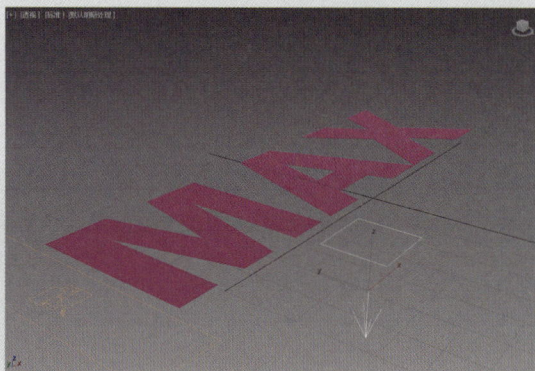

图 2-89　　　　　　　　　　　　　　图 2-90

步骤5：在"仓库"中，选择"力"操作符并拖曳至"事件001"中，如图2-91所示。

步骤6：在"参数"面板中，单击"添加"按钮，选择场景中的重力，并添加至"力空间扭曲"文本框内，如图2-92所示。

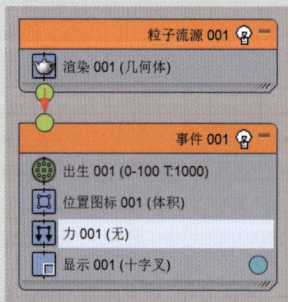 

图 2-91　　　　　　　　图 2-92

步骤7：在"创建"面板中，单击"全导向器"按钮，如图2-93所示。在场景中创建一个全导向器，如图2-94所示。

步骤8：在"修改"面板中，单击"拾取对象"按钮，将场景中的文字模型添加进来，并设置"反弹"为0，如图2-95所示。

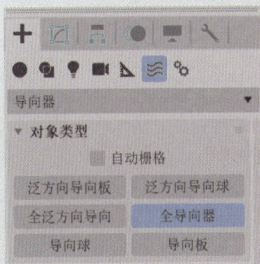

图 2-93

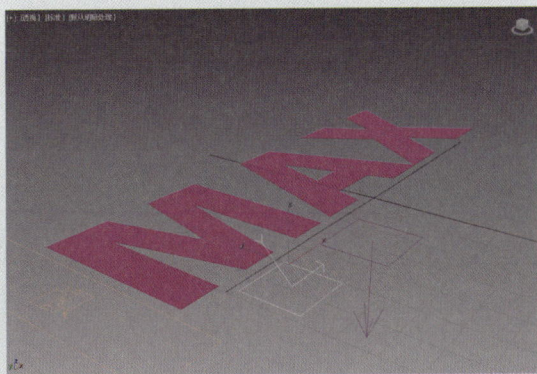

图 2-94

步骤9：在"仓库"中，选择"碰撞"操作符并拖曳至"事件001"中，如图2-96所示。在"参数"面板中，单击"添加"按钮，将场景中的全导向器添加至"导向器"文本框内，如图2-97所示。

图 2-95

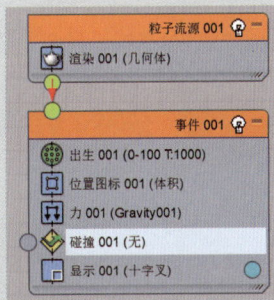

图 2-96

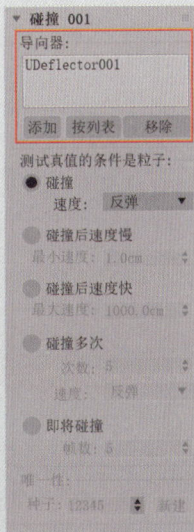

图 2-97

步骤10：移动"时间滑块"按钮，可以看到场景中的粒子从图标位置发射，受到重力影响，向场景下方掉落，当粒子降落至文字模型上时，粒子的位移停止，其余的粒子继续往下方掉落，如图2-98所示。

步骤11：在"仓库"中，选择"拆分数量"操作符并拖曳至工作区中作为新的"事件002"，将"事件001"和"事件002"连接起来，如图2-99所示。

步骤12：在"拆分数量001"卷展栏中，设置"粒子比例"的"比率"为10，如图2-100所示。

步骤13：在"仓库"中，选择"图形实例"操作符并拖曳至工作区中作为"事件003"，将"事件002"和"事件003"连接起来，如图2-101所示。

步骤14：在"图形实例001"卷展栏中，将场景中的"白色花"组合拾取进来作为"粒子几何体对象"，设置"比例"的值为60，设置"变化"的值为20，勾选"动画图形"选项，在"动画偏移关键点"

组中，设置粒子动画的"同步方式"为"粒子年龄"，如图2-102所示。

步骤15：单击选择"事件003"内的"显示"操作符，在其"参数"面板中的"显示003"卷展栏中，设置显示的"类型"为"几何体"，如图2-103所示。

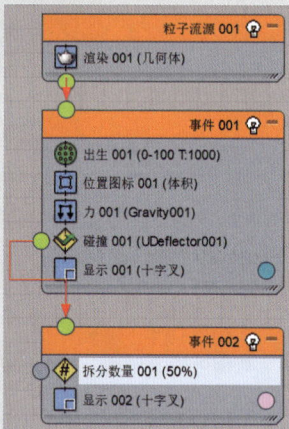

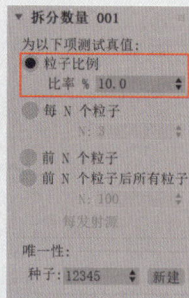

图 2-98　　　　　　　　　　图 2-99　　　　　　　　　图 2-100

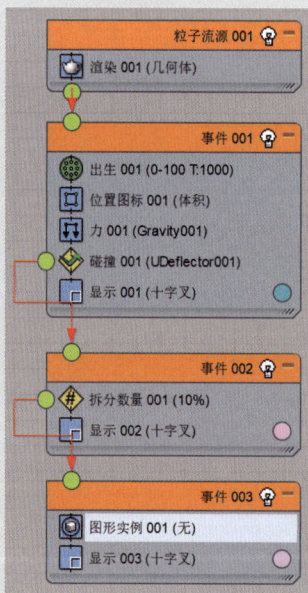

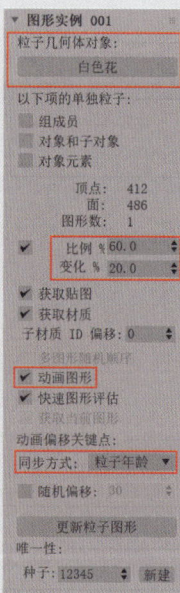

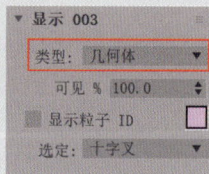

图 2-101　　　　　　　图 2-102　　　　　　　图 2-103

步骤16：设置完成后，场景中的动画效果如图2-104所示。现在花的叶子都在文字模型的下方，这时，可以选择白色花组合，使用之前讲解的步骤调整其坐标轴位置即可解决，如图2-105所示。

步骤17：在"仓库"中选择"拆分数量"操作符并拖曳至"事件002"中，在其"参数"面板中设置"粒子比例"的"比率"值为10。由于工作区中的操作符逐渐增多，所以在添加新的操作符后，可根据需要适当调整各个事件在工作区的位置，如图2-106所示。

步骤18：选择"事件003"，按Shift键，以拖曳的方式复制出一个新的事件，复制时，系统会弹出"克隆选项"对话框，选择"复制"选项，单击"确定"按钮即可，如图2-107所示。复制完成后的结果如图2-108所示。

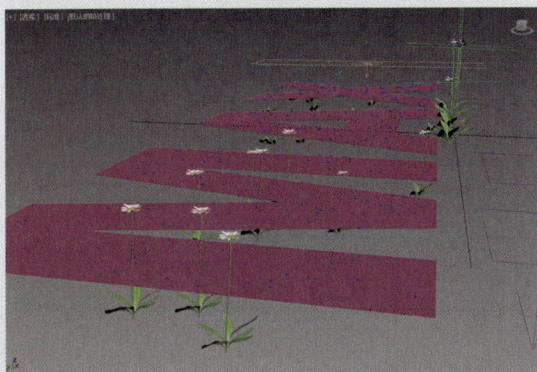

图 2-104　　　　　　　　　　　　　　　　图 2-105

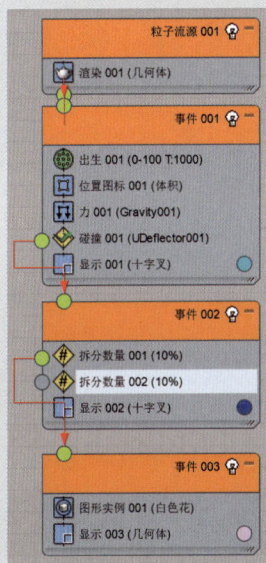

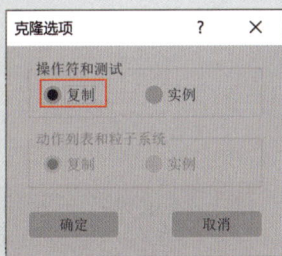

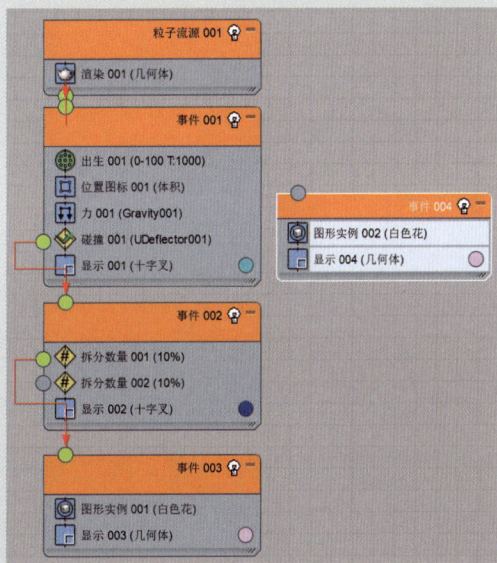

图 2-106　　　　　　　　图 2-107　　　　　　　　图 2-108

步骤19：选中"事件004"内的"图形实例"操作符，在其"参数"面板中，更改其"粒子几何体对象"为场景中的"蓝色花"组合，并将其与"事件002"中的"拆分数量002"连接起来，如图2-109所示。

步骤20：参考以上操作，在"事件002"中再次添加"拆分数量"操作符，仍然设置其"粒子比例"的"比率"值为10；再次复制"事件004"，更改其"图形实例"所拾取的对象为场景中的"小白色花"组合，并将其连接起来，如图2-110所示。

步骤21：参考以上操作，在"事件002"中再次添加第4个"拆分数量"操作符，设置其"粒子比例"的"比率"值为70；再次复制"事件005"，更改其"图形实例"所拾取的对象为场景中的"小草"组合，并将其连接起来，如图2-111所示。

步骤22：拖动"时间滑块"按钮，可以看到场景中的粒子动画结果如图2-112所示。现在可以发现场景中还存在着大量无用的粒子，所以，接下来还需要考虑添加合适的操作符以删除多余的粒子。

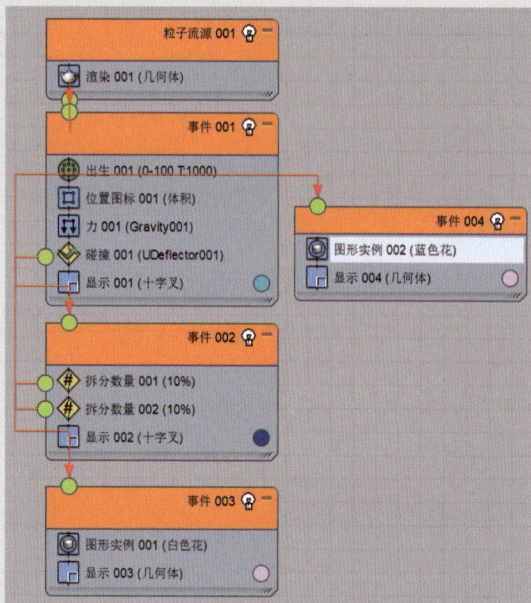

图 2-109

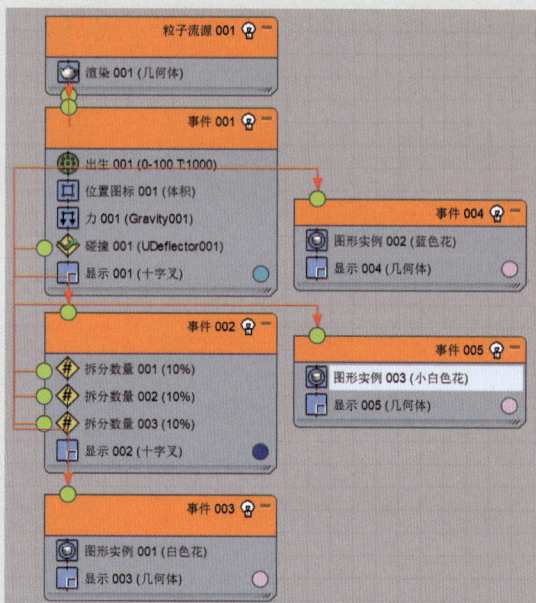

图 2-110

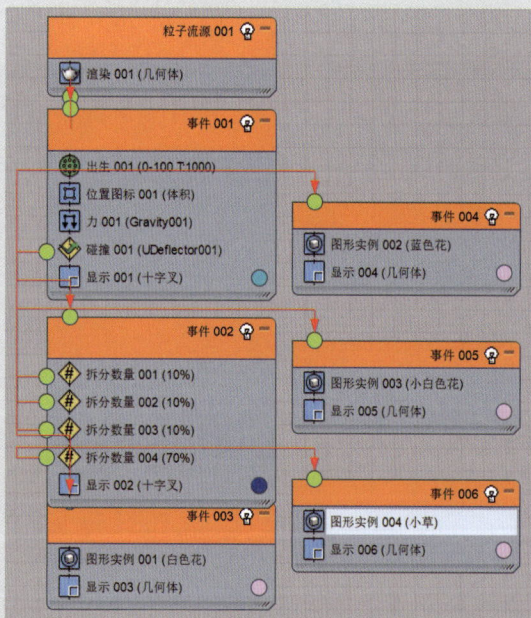

图 2-111

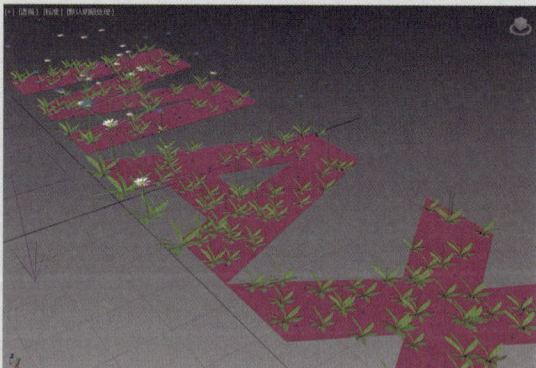

图 2-112

步骤23：在"创建"面板中，单击"导向板"按钮，如图2-113所示。

步骤24：在场景中创建一个导向板，并移动其位置至如图2-114所示。

步骤25：在"修改"面板中，设置"反弹"为0，如图2-115所示。

步骤26：在"仓库"中，选择"碰撞"操作符并拖曳至工作区中作为"事件001"，将场景中的导向板添加至"导向器"文本框内，如图2-116所示。

步骤27：在"仓库"中，选择"删除"操作符并拖曳至工作区中作为新的"事件007"，将"事件001"和"事件007"连接起来，如图2-117所示。这样，即可将场景中多余的粒子删除。

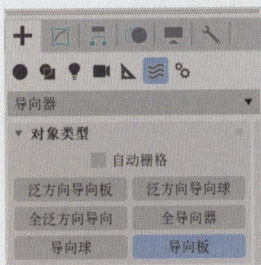

图 2-113

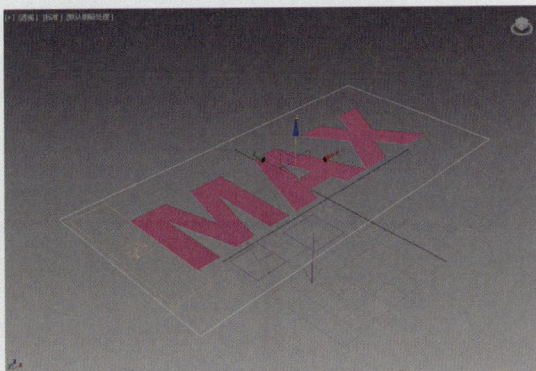

图 2-114

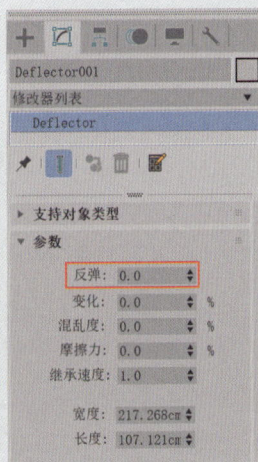

图 2-115

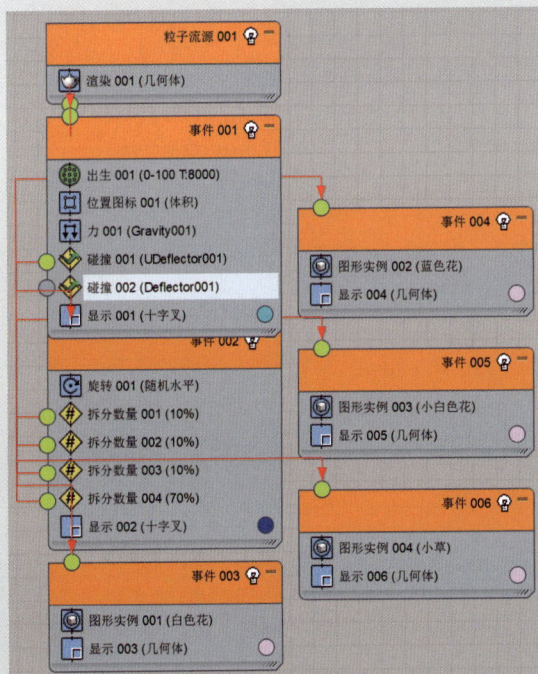

图 2-116

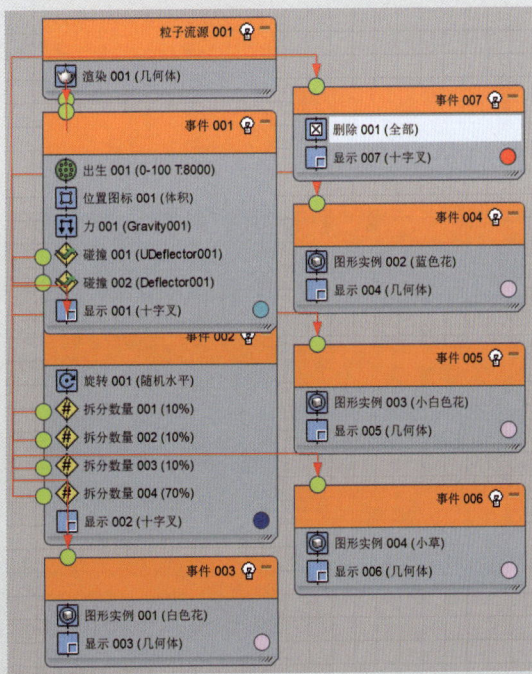

图 2-117

步骤28：到这里粒子动画的设置已经基本完成，只是场景中文字模型区域内的植物数量太少，不太美观，所以，接下来需要提高粒子的生成数量来达到一个较为密集的植物生长效果。单击"事件001"中的"出生"操作符，将其"参数"面板中的"数量"值设置为8000，如图2-118所示。场景中的动画显示结果如图2-119所示。

步骤29：通过对动画场景进行观察，可以看到当前植物的生长形态较为规整，如图2-120所示。

步骤30：在"仓库"中选择"旋转"操作符并将其拖曳至"事件002"中，如图2-121所示。

步骤31：在其"参数"面板中设置"方向矩阵"的类型为"随机水平"，如图2-122所示。

步骤32：再次观察动画场景，可以看到植物的生长方向变得随机，看起来更加自然，如图2-123所示。

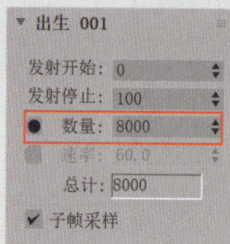

图 2-118   图 2-119

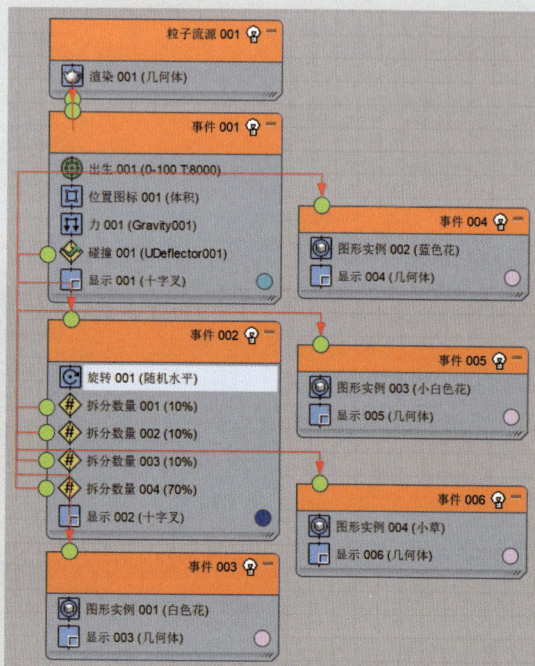

图 2-120   图 2-121

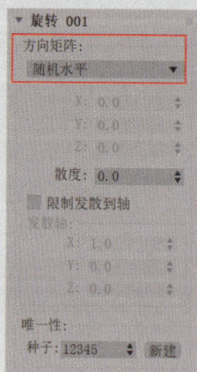

图 2-122   图 2-123

步骤33：本案例制作完成后的最终动画显示结果如图2-124~图2-127所示。

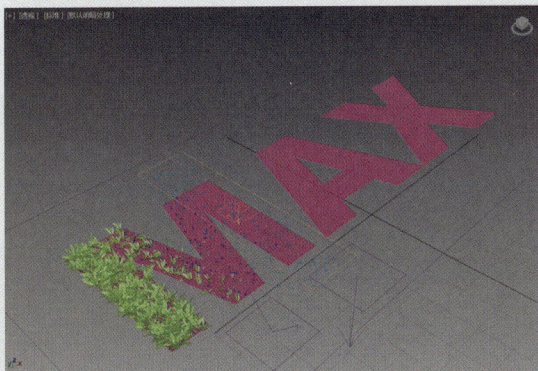

图 2-124

图 2-125

图 2-126

图 2-127

第3章

雨滴滑落特效动画技术

3.1 效果展示

本章主要讲解如何在3ds Max中制作雨滴打在窗户玻璃上的动画特效，制作这一特效需要使用"粒子流源"对象，并配合使用"水滴网格"来进行制作。在最终的动画输出前，还需要模拟出带有水雾效果的玻璃质感。

本章的特效动画最终渲染效果如图3-1所示。

图　3-1

3.2 使用长方体制作玻璃模型

步骤1：启动中文版3ds Max 2022软件，执行菜单栏"自定义"|"单位设置"命令，如图3-2所示。

步骤2：在弹出的"单位设置"对话框中，将"显示单位比例"设置为"厘米"，如图3-3所示。

步骤3：单击"单位设置"对话框中"系统单位设置"按钮，在弹出的"系统单位设置"对话框中，设置1单位=1毫米，如图3-4所示。

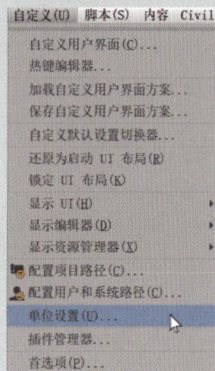

图　3-2

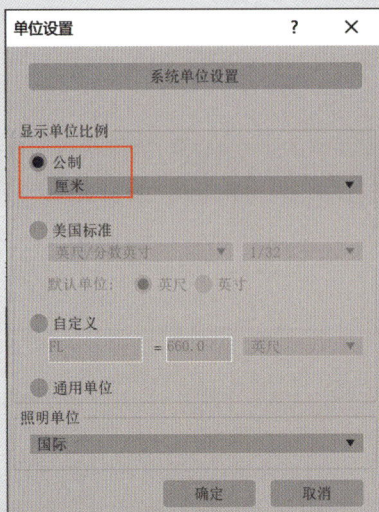

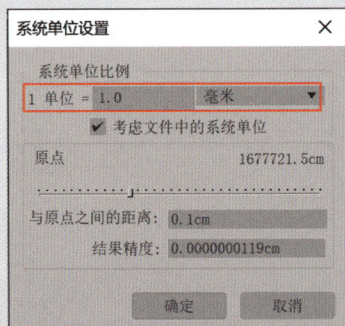

图 3-3   图 3-4

◎技巧与提示·。

　　"单位设置"和"系统单位设置"对话框中的参数非常重要，本书每章内容的单位都不太一样，读者在学习之前，务必将自己软件的单位设置为与对应章节中给出的数值设置一样才能得到一致的动画结果。

　　步骤4：在"创建"面板中，单击"长方体"按钮，如图3-5所示。在场景中创建一个长方体模型用来制作窗户玻璃。

　　步骤5：在"修改"面板中，设置"长度"为0.5cm，"宽度"为90cm，"高度"为60cm，如图3-6所示。

　　步骤6：将长方体模型的位置设置在坐标原点处，制作完成后的玻璃模型显示结果如图3-7所示。

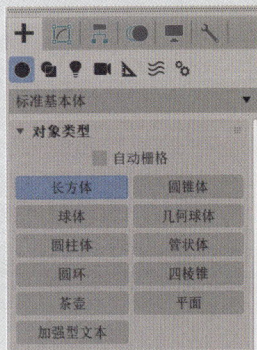

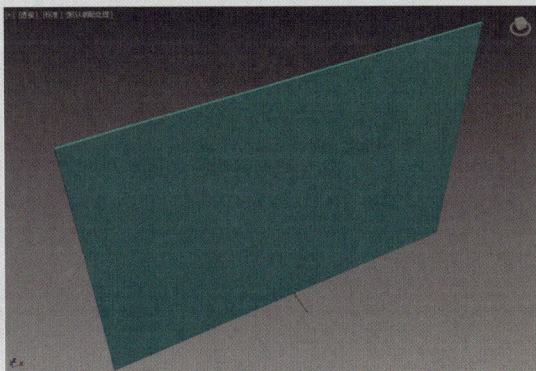

　　图 3-5   图 3-6   图 3-7

3.3 使用粒子流源控制雨滴的发射

步骤1：执行菜单栏"图形编辑器"|"粒子视图"命令，如图3-8所示。

步骤2：在弹出的"粒子视图"面板中，在"粒子视图"面板下方的"仓库"中选择"空流"操作符，并拖曳至"工作区"中。设置"发射器图标"的"长度"值为15cm，"宽度"值为80cm，设置粒子的"视口"值为100，使得场景中的粒子以100%的数量进行显示，如图3-9所示。

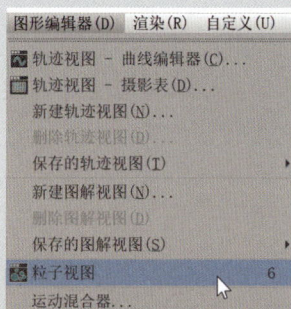

图 3-8

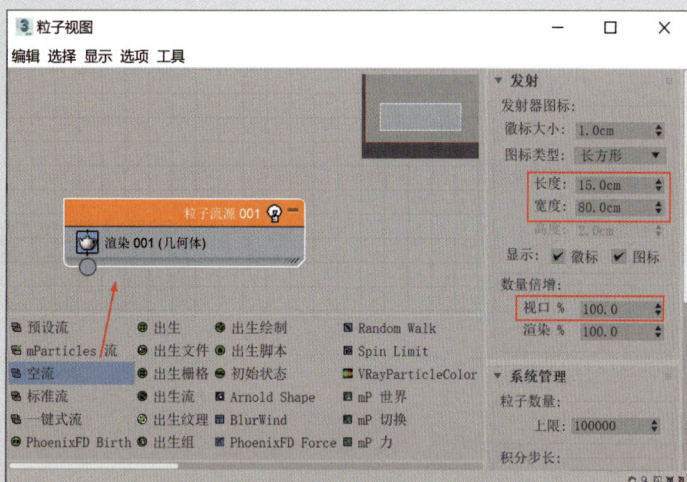

图 3-9

步骤3：更改粒子发射器图标的位置至如图3-10所示。

步骤4：设置完成后，粒子发射器图标的视图显示结果如图3-11所示。

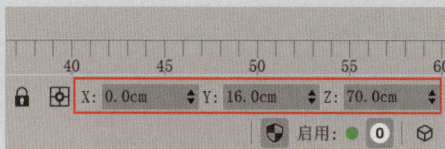

图 3-10

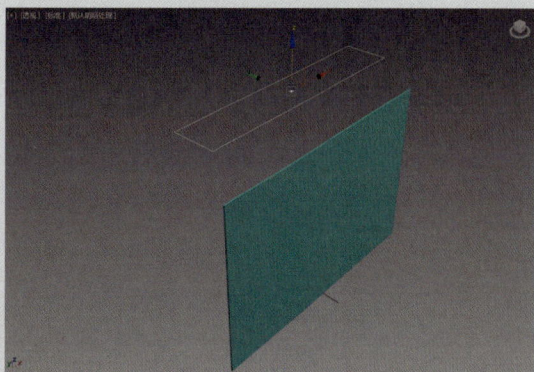

图 3-11

步骤5：在"仓库"中，选择"出生"操作符并拖曳至工作区中作为"事件001"，然后将其连接至"粒子流源001"上，如图3-12所示。

步骤6：在"出生001"卷展栏中，设置"发射开始"为0，"发射停止"为200，"数量"为800，即粒子系统在第0帧至第200帧的时间段内，一共生成总数量为800的粒子，如图3-13所示。

步骤7：在"仓库"中，选择"位置图标"操作符并拖曳至"事件001"中，这样即为当前的粒子指定了粒子的发射位置，如图3-14所示。

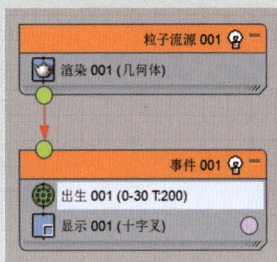
图 3-12

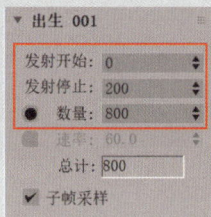
图 3-13

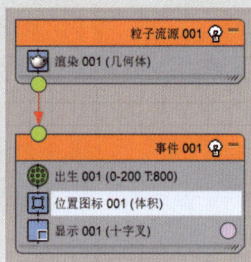
图 3-14

步骤8：在"事件001"中选择"显示"操作符，如图3-15所示。设置显示的"类型"为"线"，如图3-16所示。

步骤9：拖动"时间滑块"按钮，在"透视"视图中可以看到，随着"时间滑块"按钮的移动，粒子图标上出现了越来越多的粒子，如图3-17所示。

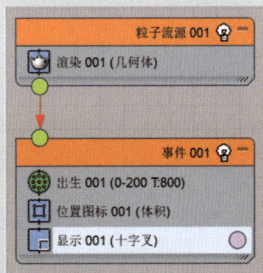
图 3-15

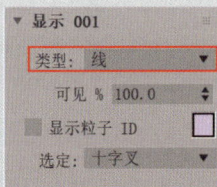
图 3-16

图 3-17

3.4 使用重力制作雨滴下落动画

步骤1：在"创建"面板中单击"重力"按钮，如图3-18所示。

步骤2：在场景中任意位置处创建一个重力对象，如图3-19所示。

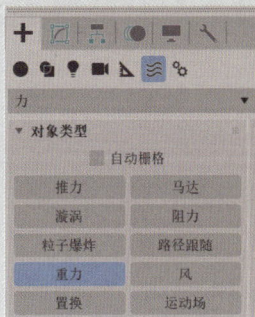
图 3-18

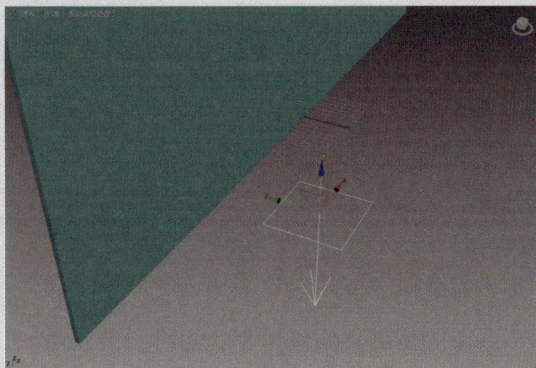
图 3-19

步骤3：在"粒子视图"面板中，在"仓库"中选择"力"操作符并拖曳至"事件001"中，如图3-20所示。

步骤4：在右侧的"参数"面板中，单击"添加"按钮，将场景中的重力对象拾取进来，如图3-21所示。

步骤5：在"创建"面板中，单击"风"按钮，如图3-22所示。

步骤6：在场景中创建一个风对象，并在"顶"视图中调整其方向至如图3-23所示。

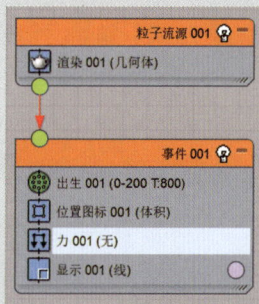

图 3-20

 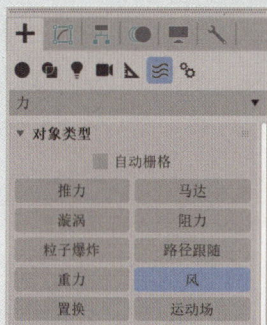 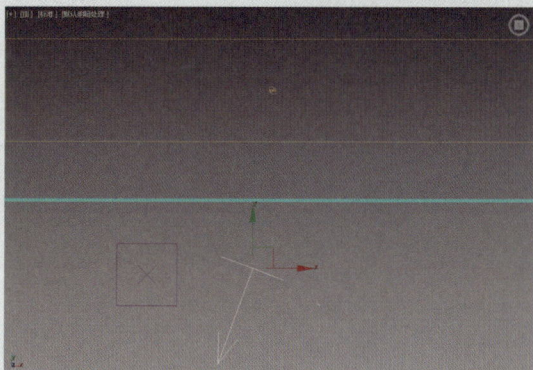

图 3-21　　　　图 3-22　　　　　　　图 3-23

步骤7：在"参数"面板中，设置风的"强度"为0.5，如图3-24所示。

步骤8：选择"事件001"中的"力"操作符，在"力001"卷展栏中，以相同的方式将场景中的风对象拾取添加进来，如图3-25所示。

步骤9：拖动"时间滑块"按钮，在"透视"视图中观察粒子，可以看到粒子在同时受到重力和风的影响下，以一种略微倾斜的方式穿过场景中的玻璃模型，如图3-26所示。

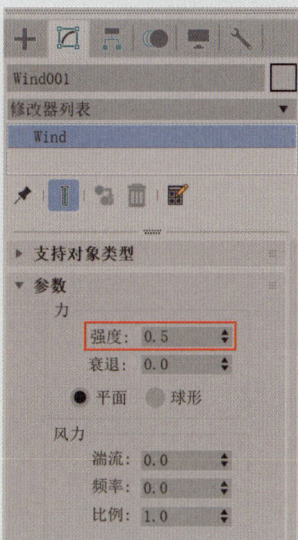  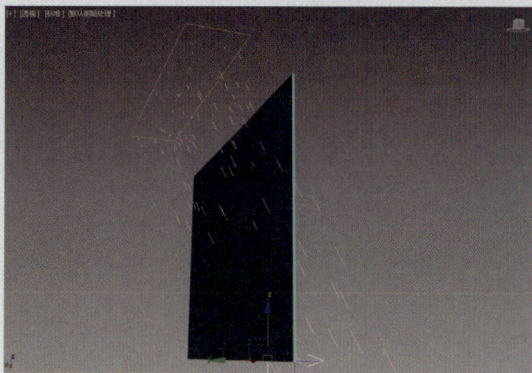

图 3-24　　　　图 3-25　　　　　　　图 3-26

3.5 使用全导向器制作雨滴碰撞动画

步骤1：接下来，进行雨滴与玻璃的碰撞设置。在"创建"面板中，单击"全导向器"按钮，如图3-27所示。

步骤2：在场景中任意位置处创建一个"全导向器"对象，如图3-28所示。

图 3-27

图 3-28

步骤3：在"修改"面板中，单击"拾取对象"按钮，在场景中单击玻璃模型，并设置"反弹"为0，如图3-29所示。

步骤4：在"粒子视图"面板中，在下方的"仓库"中选择"碰撞"操作符，并拖曳至"事件001"中，如图3-30所示。

步骤5：在"碰撞001"卷展栏中，将场景中创建的全导向器添加进来，如图3-31所示。

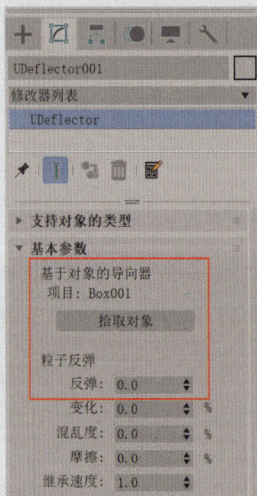

图 3-29

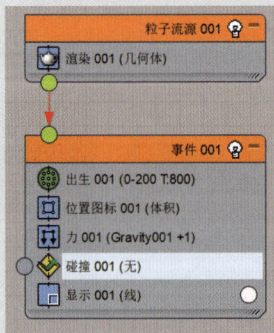

图 3-30

图 3-31

步骤6：设置完成后，播放场景动画，可以看到现在粒子模拟的雨滴在与玻璃模型产生碰撞后，不会穿过玻璃模型，如图3-32所示。

步骤7：在"粒子视图"面板中，在下方的"仓库"中选择"发送出去"操作符，并拖曳至"工

渲染H3ds Max||三维特效动画技术（第2版）

46

作区"中形成一个新的"事件002"，然后将其与"事件001"中的"碰撞001"操作符连接起来，如图3-33所示。

图　3-32

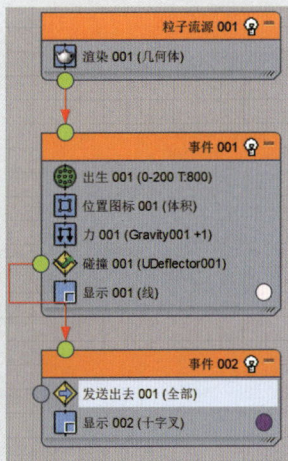

图　3-33

步骤8：在"仓库"中选择"速度"操作符，并拖曳至"工作区"中成为一个独立的新"事件003"，在"速度001"卷展栏中设置"速度"为0cm，如图3-34所示。

步骤9：设置完成后，将"事件003"与"事件002"中的"发送出去001"操作符连接起来，这样，粒子与玻璃产生碰撞后进入到"事件003"内，速度变成了0，就会停止下来，如图3-35所示。

步骤10：在"仓库"中选择"形状"操作符，并拖曳至"事件003"中，如图3-36所示。

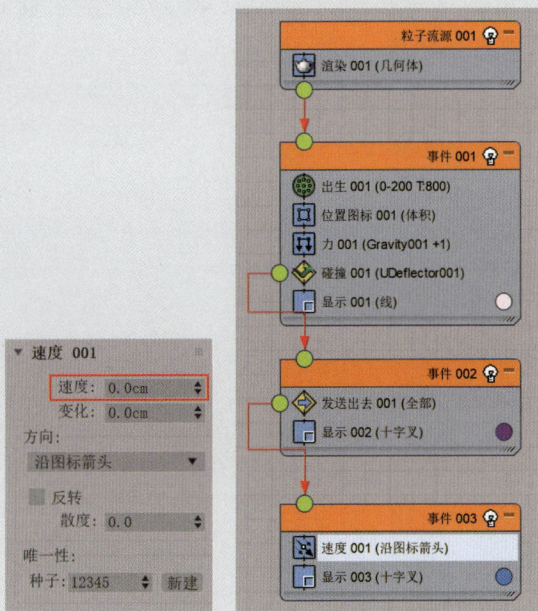

图　3-34

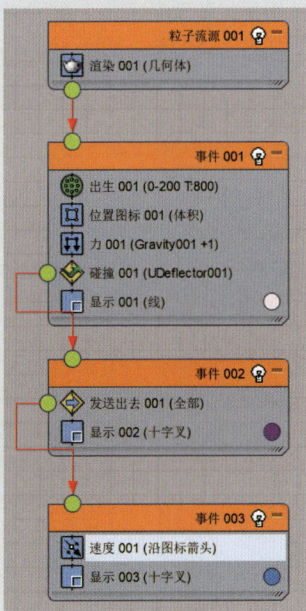

图　3-35

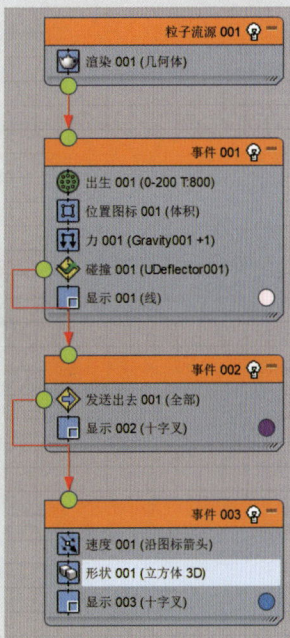

图　3-36

步骤11：在"形状001"卷展栏中，勾选"缩放"选项，并设置"缩放"值为50，"变化"值为20，如图3-37所示。

步骤12：选择"事件003"中的"显示003"操作符，在"显示003"卷展栏中设置粒子的显示"类型"为"几何体"，如图3-38所示。

步骤13：设置完成后，在"透视"视图中观察粒子的动画状态，如图3-39所示。

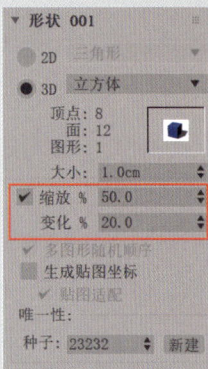

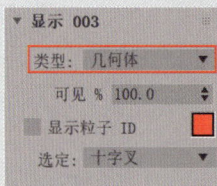

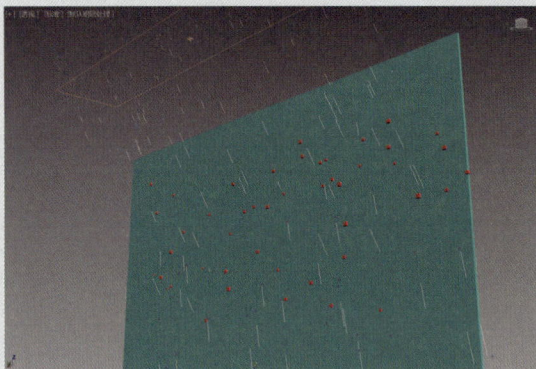

图 3-37　　　　图 3-38　　　　　　　图 3-39

3.6　制作雨滴在玻璃上的滑落动画

步骤1：接下来制作个别雨滴在玻璃上流淌滑落下来的动画。在"仓库"中选择"拆分数量"操作符，并将其拖曳至"事件002"中，如图3-40所示。

步骤2：在"拆分数量001"卷展栏中，设置"比率"为4，这样，碰撞在玻璃上的雨滴粒子，大概有4%的数量会被该操作符拆分出来，进行接下来的动画设置，如图3-41所示。

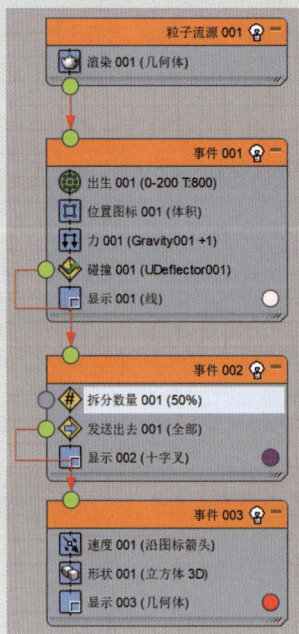

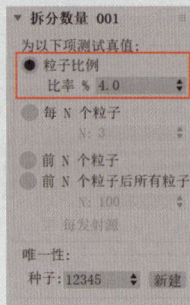

图 3-40　　　　　图 3-41

步骤3：在"仓库"中选择"速度按曲面"操作符，拖曳至"工作区"内形成一个新的"事件004"，并将其与"事件002"内的"拆分数量001"操作符连接起来，如图3-42所示。

步骤4：在"速度按曲面001"卷展栏中，将速度按曲面的方式设置为"持续控制速度"，设置"速度"为20cm；在"曲面几何体"组中，单击"添加"按钮，将场景中的玻璃模型添加进来；在"方向"组中，设置粒子的方向为"与曲面平行"，如图3-43所示。

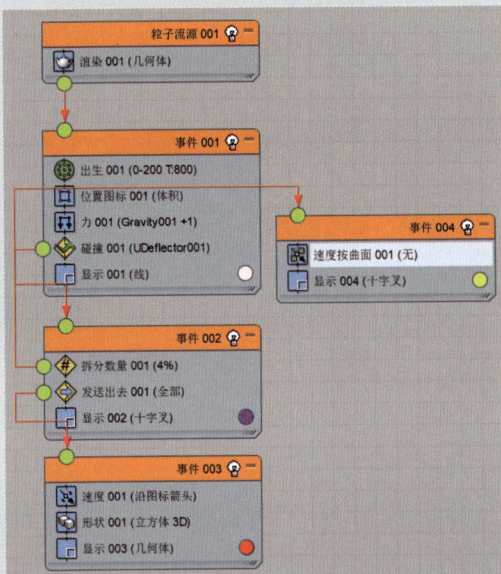

图 3-42

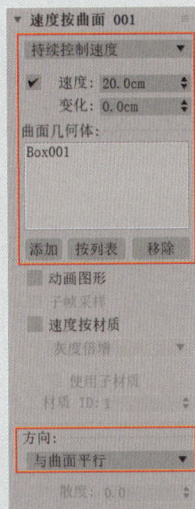

图 3-43

步骤5：在"仓库"中选择"繁殖"操作符，并拖曳至"事件004"中，如图3-44所示。

步骤6：在"繁殖001"卷展栏中，设置"繁殖速率和数量"的选项为"按移动距离"，设置"步长大小"的值为0.5cm，在"速度"组中，设置"继承"的值为0，如图3-45所示。

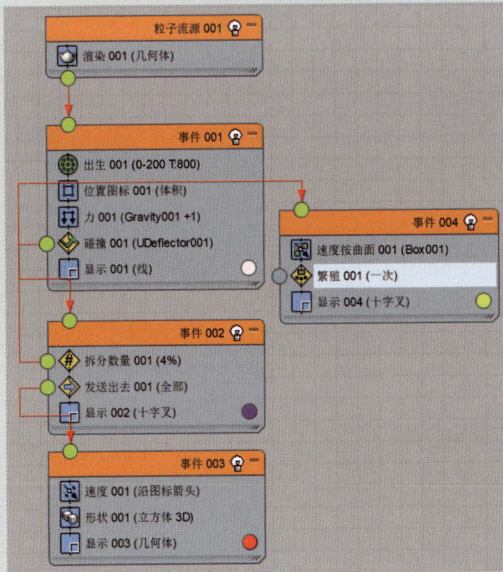

图 3-44

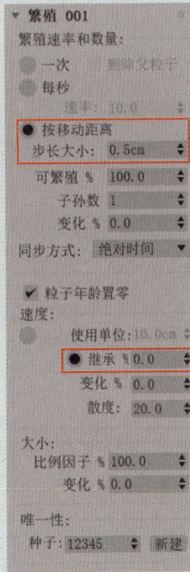

图 3-45

步骤7：在"仓库"中选择"删除"操作符，并拖曳至"事件004"中，如图3-46所示。

步骤8：在"删除001"卷展栏中，设置粒子"移除"的方式为"按粒子年龄"，并设置"寿命"的值为50，"变化"值为5，如图3-47所示。

步骤9：设置完成后，播放场景动画，粒子的显示结果如图3-48所示。

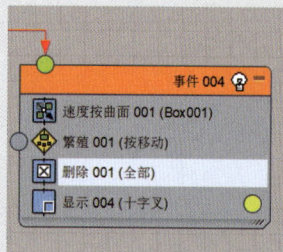

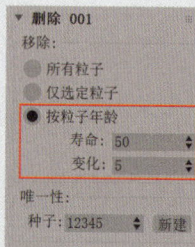

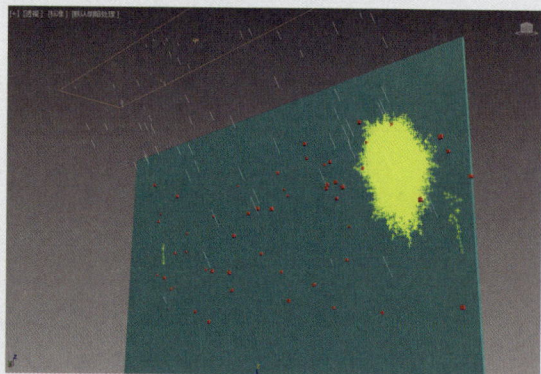

图 3-46　　　　　图 3-47　　　　　　　图 3-48

步骤10：在"仓库"中选择"形状"操作符，拖曳至工作区中形成一个新的"事件005"，并将其与"事件004"中的"繁殖001"连接起来，如图3-49所示。

步骤11：在"形状002"卷展栏中，设置粒子形状为"菱形"，粒子的"大小"值设置为0.6cm，如图3-50所示。

步骤12：将"事件005"中的"显示"操作符选中，在"显示005"卷展栏中，设置粒子的显示"类型"为"几何体"，如图3-51所示。

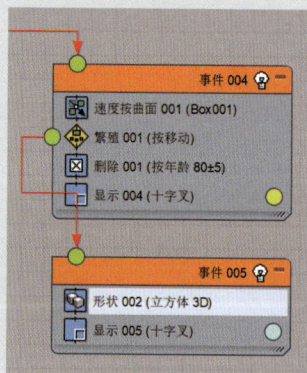

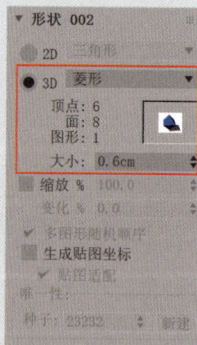

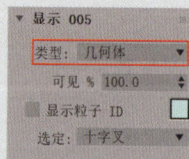

图 3-49　　　　　图 3-50　　　　图 3-51

步骤13：播放场景动画，粒子动画的显示结果如图3-52所示。

步骤14：在"创建"面板中，单击"风"按钮，如图3-53所示。

步骤15：在场景中创建第2个风，如图3-54所示。

步骤16：在"修改"面板中，设置风的"强度"为0，在"风力"组中，设置"湍流"为1，"频率"为6，"比例"为1，如图3-55所示。

步骤17：在"粒子视图"面板中，在下方的"仓库"里选择"力"操作符，并拖曳至"事件004"中，如图3-56所示。

渲染王3ds Max三维特效动画技术（第2版）

步骤18：在"力002"卷展栏中，在"力空间扭曲"文本框中添加刚刚创建的风，如图3-57所示。这样，雨滴在下落的过程中，行走路线将产生较为轻微的随机变化，如图3-58所示。

图 3-52

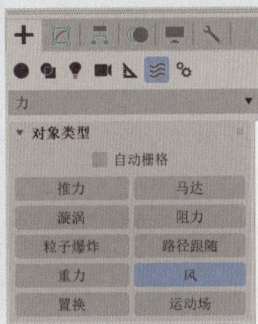

图 3-53

图 3-54

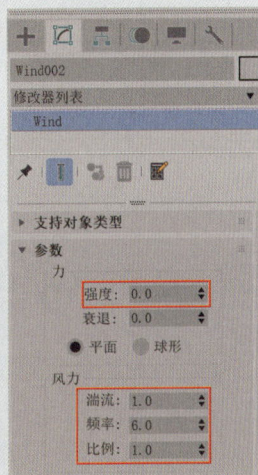

图 3-55

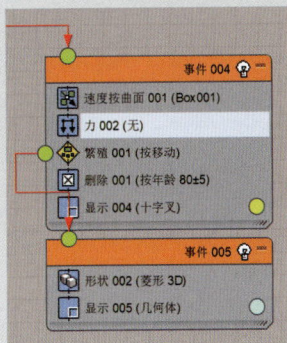

图 3-56

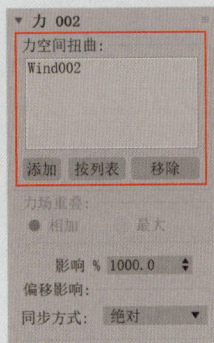

图 3-57

图 3-58

步骤19：现在，雨滴在玻璃上划过的动画基本上制作完成了，但是模拟拖尾效果的粒子现在看起来是一样的大小，会给人一种不太自然的感觉，所以，在接下来的制作中，需要一个"缩放"操作符来解决这一问题。在"仓库"中，选择"缩放"操作符，并拖曳至"事件005"中，如图3-59所示。

步骤20: 在"缩放001"卷展栏中，设置"类型"为"相对最初"，在"动画偏移关键点"组中，设置其"同步方式"的选项为"粒子年龄"，如图3-60所示。

步骤21: 将"时间滑块"按钮放置到第55帧，按N键进入"自动关键点"模式。设置"缩放001"卷展栏中"比例因子"组内的X、Y、Z值均为0，设置完成后，再次按N键关闭"自动关键点"记录功能，完成粒子缩放动画的设置，如图3-61所示。

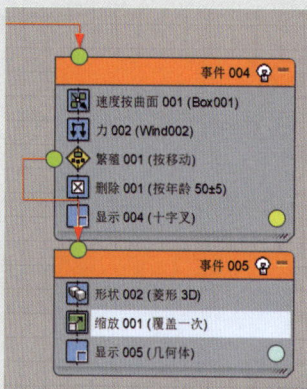

图 3-59

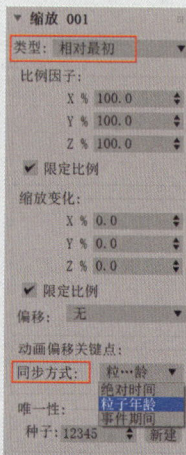

图 3-60

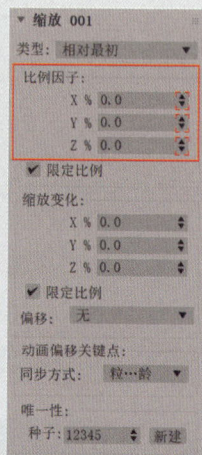

图 3-61

◎技巧与提示·◎

设置完成粒子的缩放动画后，需要在场景中选择"粒子流源"图标，才能在"时间滑块"按钮下方的"轨迹栏"上看到粒子的关键帧。

步骤22: 在"粒子视图"面板中，单击"渲染"操作符，关闭粒子的渲染，如图3-62所示。

步骤23: 至此，"粒子流源"动画的设置就全部完成了，如图3-63所示。

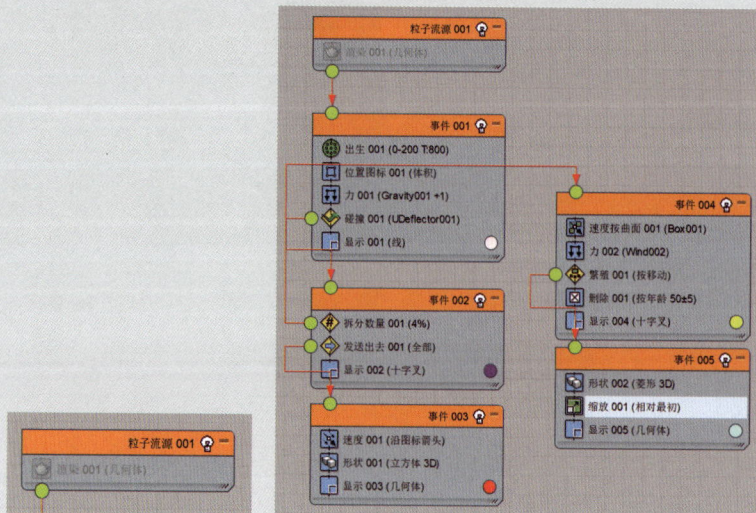

图 3-62

图 3-63

3.7　使用水滴网格制作雨滴模型

步骤1：在"创建"面板中，单击"水滴网格"按钮，如图3-64所示。

步骤2：在场景中任意位置处创建一个"水滴网格"对象，如图3-65所示。

步骤3：在"修改"面板中，单击"水滴对象"组内的"拾取"按钮，将场景中的粒子系统拾取进来，如图3-66所示。

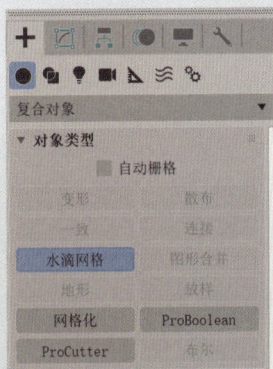

图 3-64

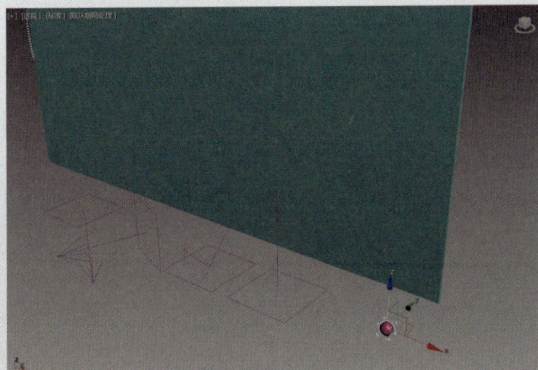

图 3-65

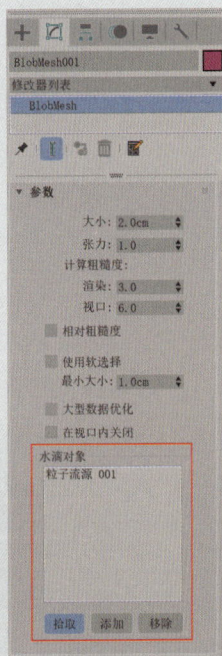

图 3-66

步骤4：展开"粒子流参数"卷展栏，取消勾选"所有粒子流事件"选项，并单击"添加"按钮，如图3-67所示。

步骤5：在弹出的"添加粒子流事件"对话框中，将"事件003"和"事件005"添加进来，如图3-68所示。设置完成后，如图3-69所示。

图 3-67

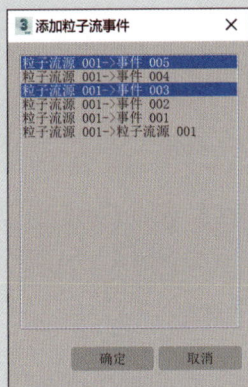

图 3-68

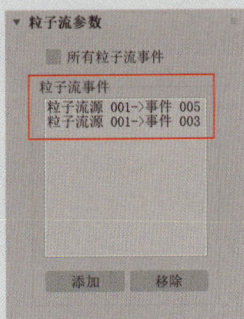

图 3-69

步骤6: 在"参数"卷展栏中，设置"水滴网格"对象的"大小"为2cm，"张力"为0.5，"渲染"为2，"视口"为2，如图3-70所示。

步骤7: 设置完成后，在场景中观察水滴网格附着于粒子上的形态，如图3-71所示。

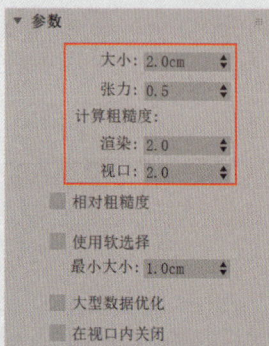

图 3-70

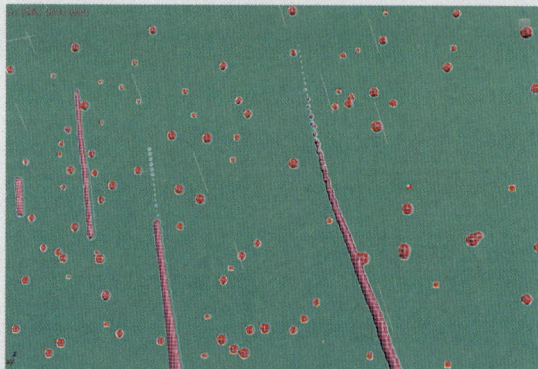

图 3-71

步骤8: 在"修改器列表"中，为"水滴网格"对象添加一个"松弛"修改器，在"松弛"面板中，设置该修改器的"松弛值"为1，"迭代次数"为10，增加雨滴的形态细节，如图3-72所示。

步骤9: 本实例制作完成后的"水滴网格"形态显示效果如图3-73所示。

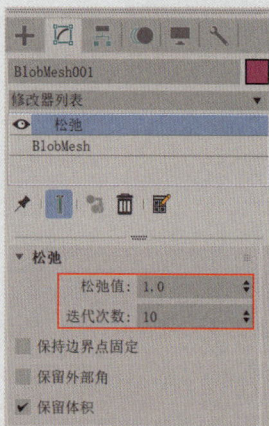

图 3-72

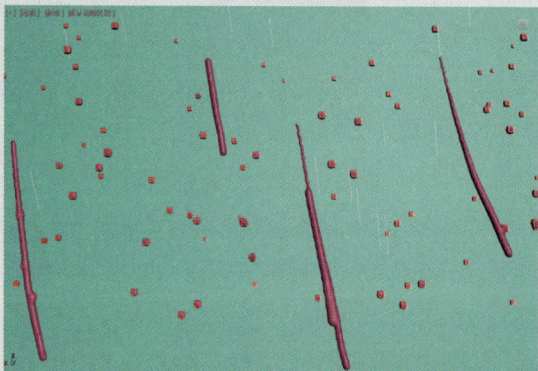

图 3-73

3.8 制作雨滴和玻璃材质

步骤1: 按M键打开"材质编辑器"面板。选择一个空白的材质球，并重命名材质球为"雨滴"，在"基本参数"卷展栏中，设置IOR为1.3，"透明度"为1，如图3-74所示，并指定给水滴网格。

步骤2: 制作完成后的雨滴材质球显示结果如图3-75所示。

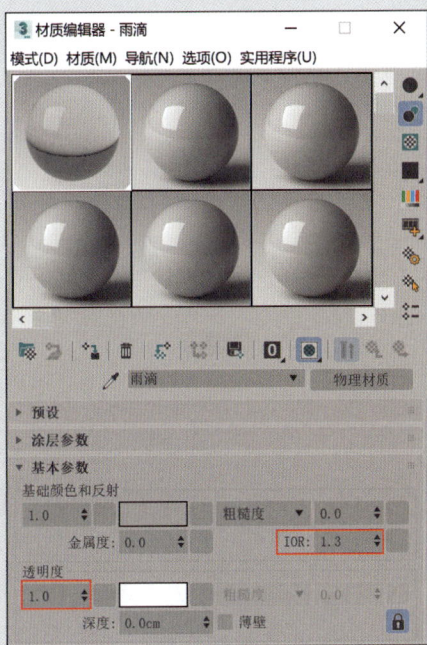

图 3-74

图 3-75

步骤3：选择第2个材质球，重命名材质球为"玻璃"，并指定给玻璃模型。在"基本参数"卷展栏中，设置"透明度"为1，如图3-76所示。

步骤4：先单击锁头标记的按钮后，再单击该按钮上方"粗糙度"后面的按钮，如图3-77所示。

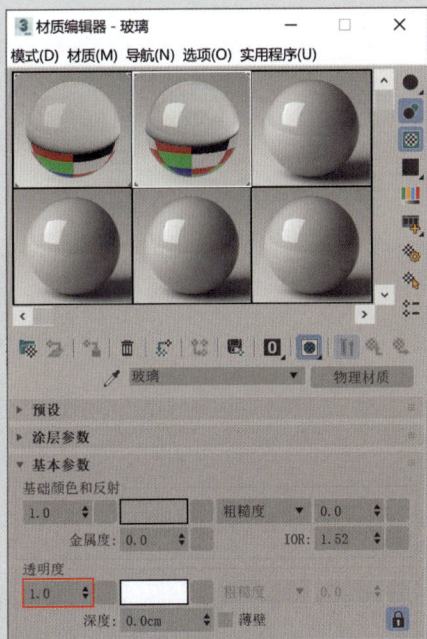

图 3-76

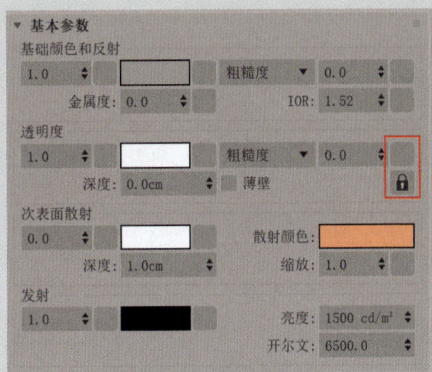

图 3-77

步骤5：在弹出的"材质/贴图浏览器"对话框中选择"烟雾"选项，并单击"确定"按钮，如图3-78所示。

步骤6：在"烟雾参数"卷展栏中，设置"大小"为500，如图3-79所示。

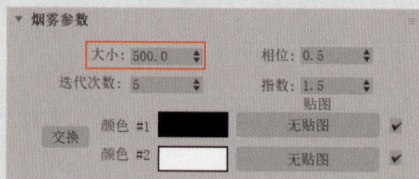

图 3-78　　　　　　　　　　　　图 3-79

步骤7：制作完成后的玻璃材质球显示结果如图3-80所示。

步骤8：单击"创建"面板中的"平面"按钮，如图3-81所示。

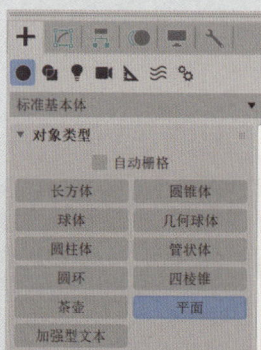

图 3-80　　　　　　　　　　　　图 3-81

步骤9：在"前"视图中创建一个平面模型，如图3-82所示。

步骤10：在"顶"视图中，调整平面模型的位置至如图3-83所示。

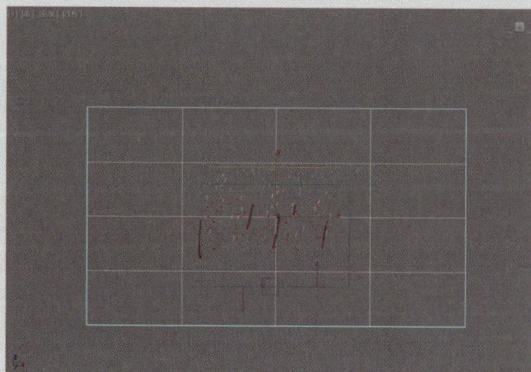

图 3-82　　　　　　　　　　　　图 3-83

步骤11：选择第3个材质球，重命名材质球为"环境"，并将其更改为VRayLightMtl（VRay灯光材质），指定给平面模型。在Params（参数）卷展栏中，设置Color（颜色）为39，并添加一张"雨天照片.jpg"贴图文件，如图3-84所示。

步骤12：制作完成后的环境材质球显示结果如图3-85所示。

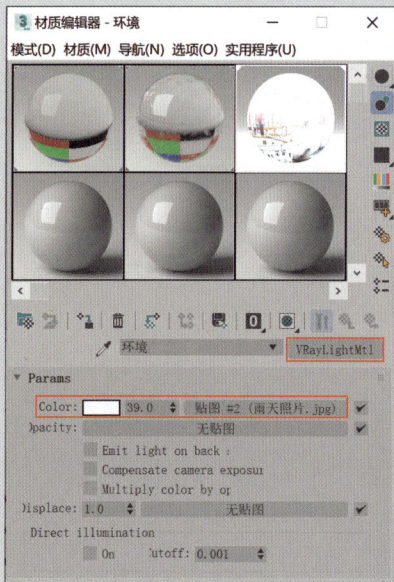

图 3-84

图 3-85

3.9 创建摄影机及灯光

步骤1：在"创建"面板中，单击VRayPhysicalCamera按钮，如图3-86所示。

步骤2：在"顶"视图中创建一个VRay物理摄影机，如图3-87所示。

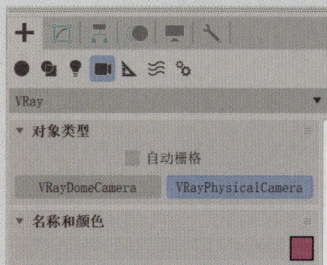

图 3-86

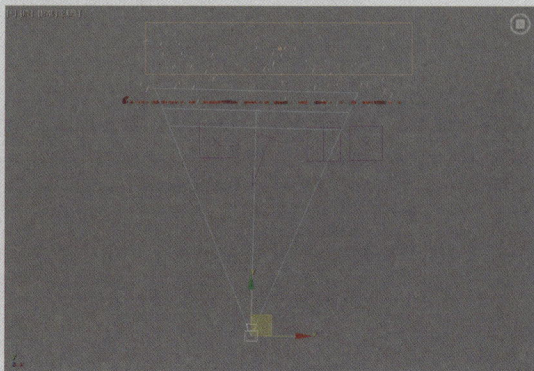

图 3-87

步骤3：按C键进入"摄影机"视图，调整摄影机的拍摄角度至如图3-88所示。

步骤4：在"创建"面板中，将灯光的下拉列表切换至VRay，单击VRaySun（VRay太阳）按钮，如图3-89所示。

步骤5：在"前"视图中创建一个VRay太阳灯光，如图3-90所示，创建时，系统会自动弹出V-Ray Sun对话框，如图3-91所示，单击"是"按钮，完成灯光的创建。

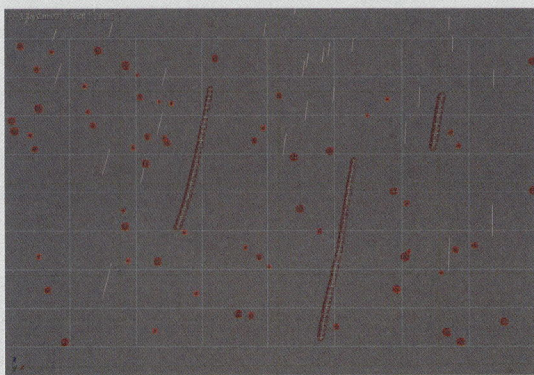

图 3-88   图 3-89

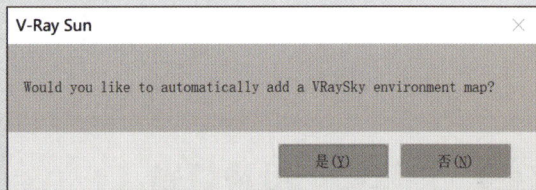

图 3-90   图 3-91

步骤6：在"顶"视图中调整灯光的位置至如图3-92所示。

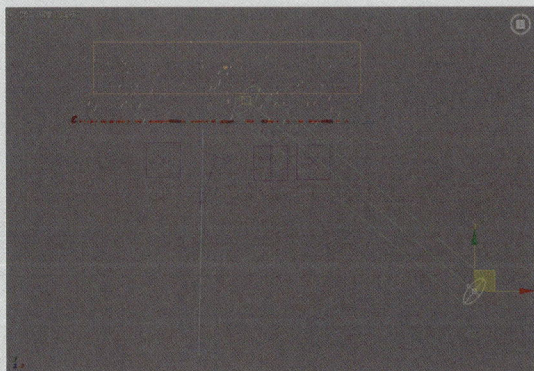

图 3-92

3.10 渲染输出

步骤1：打开"渲染设置"面板，可以看到场景已经预先设置了使用VRay渲染器来渲染场景，如图3-93所示。

步骤2：在V-Ray选项卡中，展开Image sampler（Antialiasing）（图像采样（抗锯齿））卷展栏，设置Type（类型）为Bucket（渲染块），如图3-94所示。

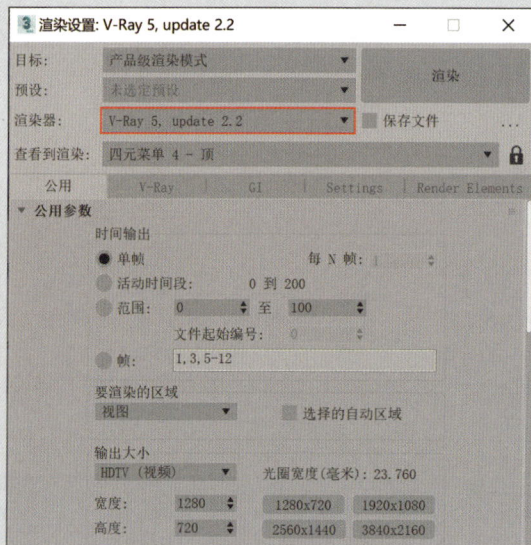

图 3-93

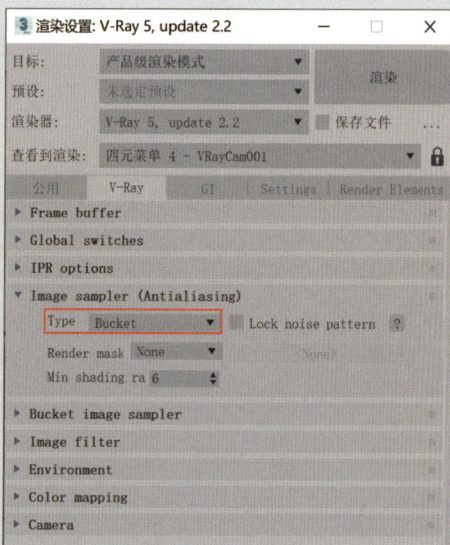

图 3-94

步骤3：设置完成后，渲染场景，渲染结果如图3-95所示。

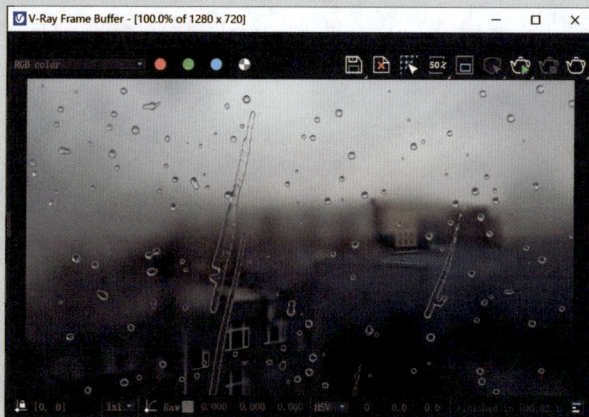

图 3-95

第4章

液体环绕特效动画技术

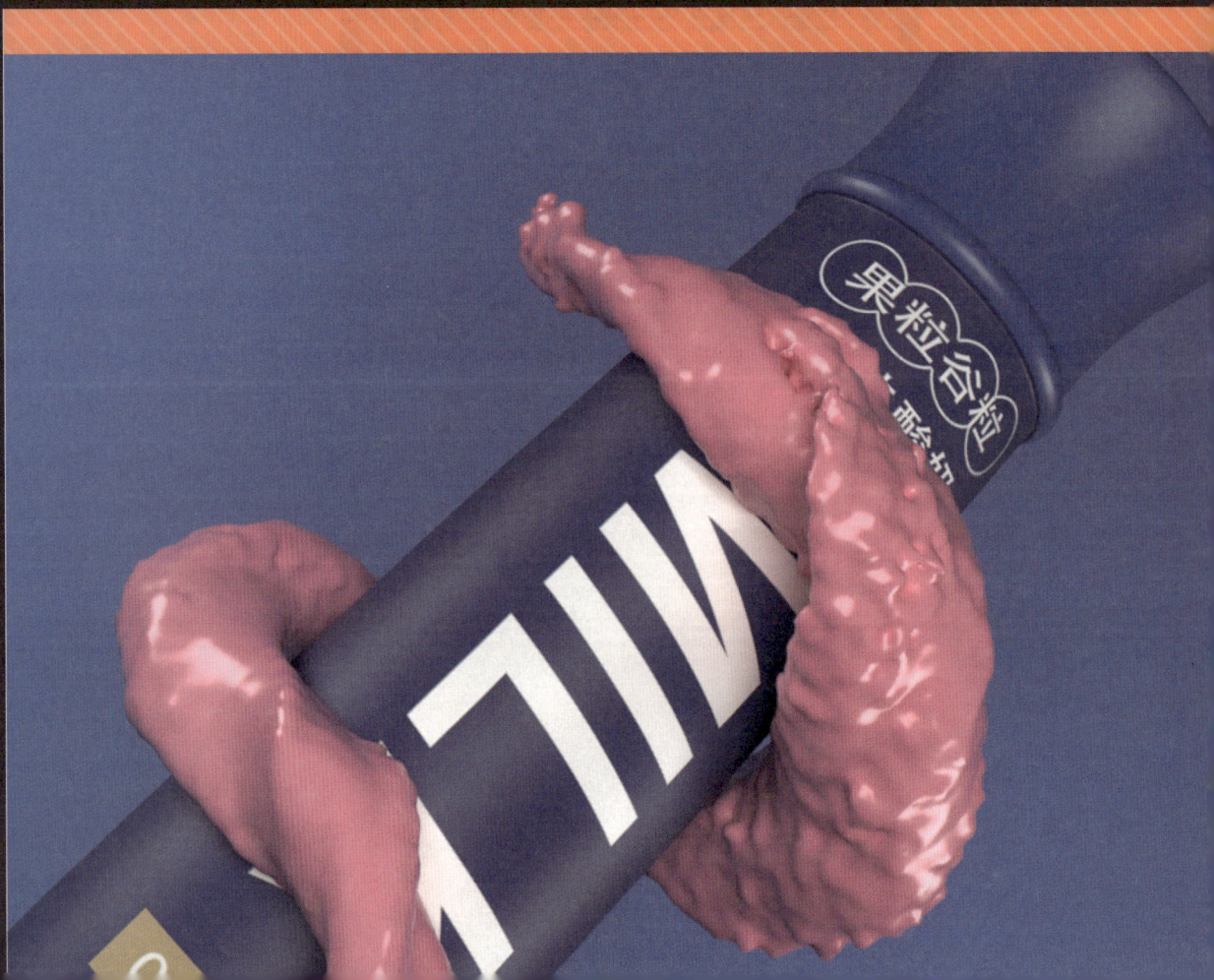

4.1 效果展示

本章主要讲解如何在3ds Max中制作一个液体环绕的动画特效，需要注意的是，制作这一特效需要使用到Chaosgroup公司生产的Phoenix FD火凤凰插件及VRay渲染器。

本章的特效动画最终渲染效果如图4-1所示。

图 4-1

4.2 制作液体发射装置

步骤1：启动中文版3ds Max 2022软件，打开场景文件"酸奶.max"，场景中有1个酸奶瓶子模型，并且已经设置完成了灯光及材质，如图4-2所示。

步骤2：执行菜单栏"自定义"|"单位设置"命令，如图4-3所示。

步骤3：在弹出的"单位设置"对话框中，将"显示单位比例"设置为"厘米"，如图4-4所示。

步骤4：单击"单位设置"对话框中的"系统单位设置"按钮，在弹出的"系统单位设置"对话框中设置1单位=1厘米，如图4-5所示。

步骤5：在"创建"面板中单击"圆柱体"按钮，如图4-6所示。在场景中创建一个圆柱体模型。

步骤6：在"修改"面板中，设置"半径"为1cm，"高度"为6cm，如图4-7所示。

步骤7：调整圆柱体模型的旋转角度至如图4-8所示。

步骤8：在"修改"面板中，为圆柱体模型添加"编辑多边形"修改器，如图4-9所示。

图 4-2

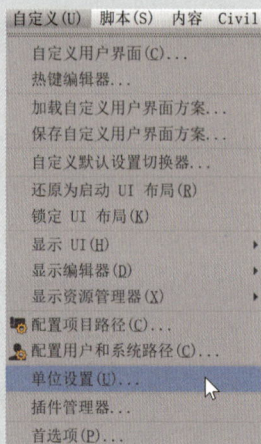

图 4-3

图 4-4

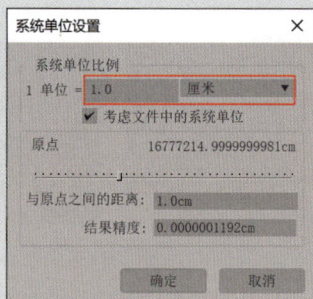

图 4-5

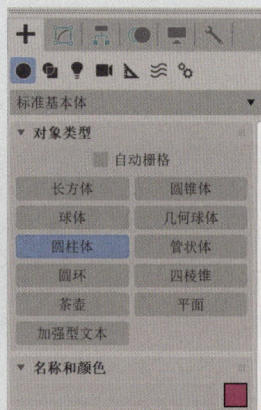

图 4-6

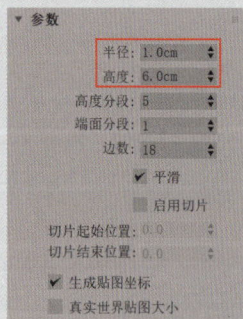

图 4-7

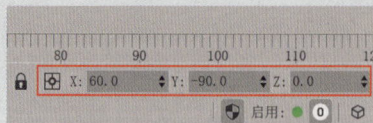

图 4-8

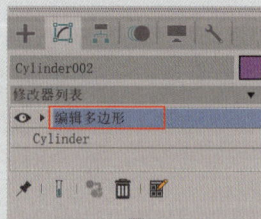

图 4-9

步骤9：选择如图4-10所示的面，在"多边形：材质ID"卷展栏中，设置"设置ID"为1，如图4-11所示。

步骤10：选择如图4-12所示的面，在"多边形：材质ID"卷展栏中，设置"设置ID"为2，如图4-13所示。

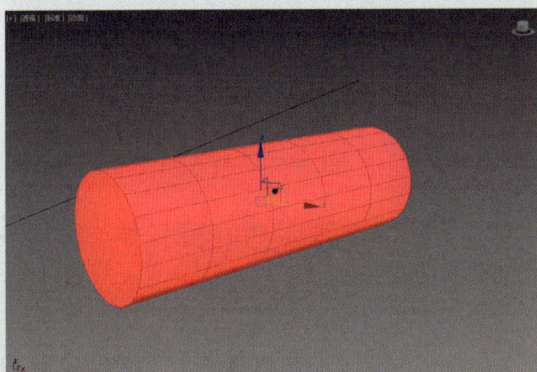

图　4-10

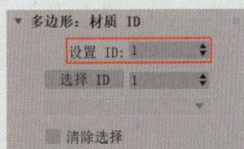

图　4-11

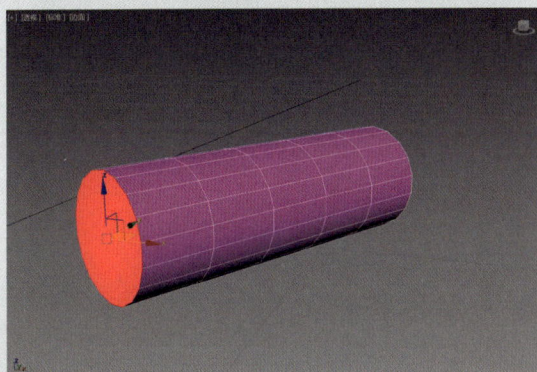

图　4-12

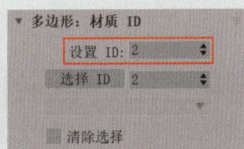

图　4-13

◎技巧与提示·◦

LiquidSrc（液体源）可以根据模型的材质ID来发射液体。

步骤11：设置圆柱体的坐标位置至如图4-14所示。

步骤12：单击"创建"面板中的"螺旋线"按钮，如图4-15所示。在场景中创建一条螺旋线。

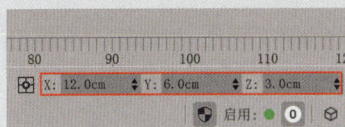

图　4-14

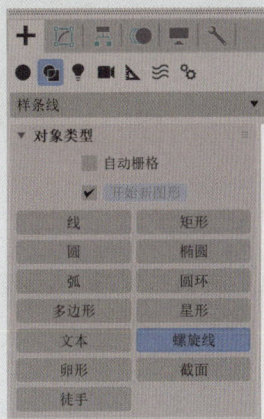

图　4-15

步骤13：在"修改"面板中，展开"参数"卷展栏，设置"半径1"和"半径2"均为8cm，"高度"为50cm，"圈数"为3，如图4-16所示。

步骤14：设置完成后，螺旋线的视图显示结果如图4-17所示。

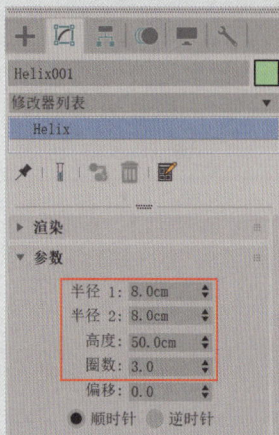

图 4-16

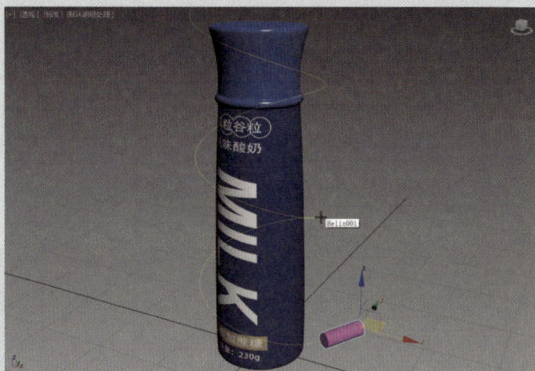

图 4-17

4.3 使用FollowPath制作液体环绕动画

步骤1：将"创建"面板的下拉列表切换至PhoenixFD，单击LiquidSim（液体模拟器）按钮，如图4-18所示。在场景中创建一个液体模拟器，如图4-19所示。

图 4-18

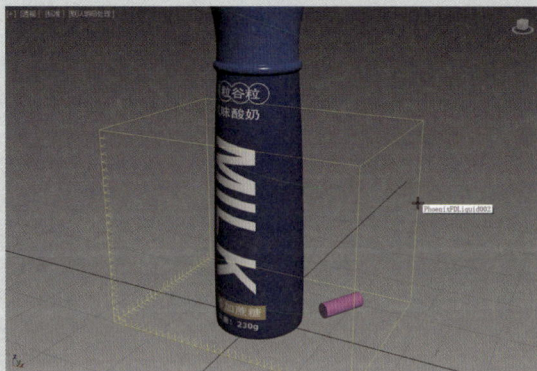

图 4-19

步骤2：在"修改"面板中，展开Grid（栅格）卷展栏，设置Cell Si（单元格大小）的值为0.2cm，设置X为200，Y为200，Z为280，并调整位置至场景中的坐标原点处，如图4-20所示。

步骤3：在"创建"面板中，单击LiquidSrc（液体源）按钮，如图4-21所示。在场景中任意位置处创建一个液体源，如图4-22所示。

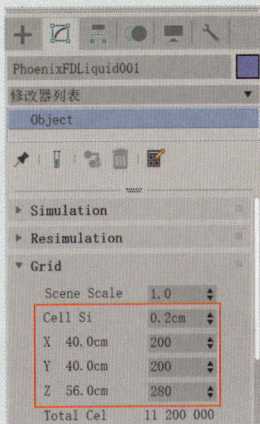

图 4-20

图 4-21

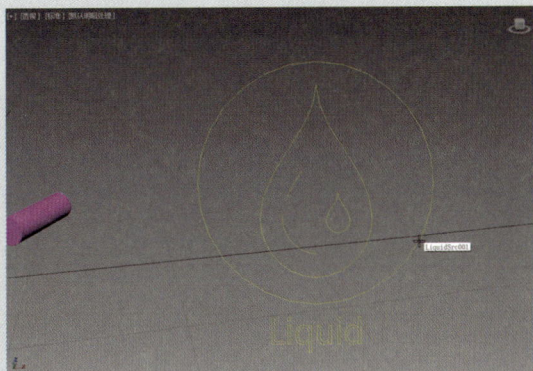

图 4-22

步骤4：在"修改"面板中，单击Add（添加）按钮，将场景中的圆柱体添加至Emitter Nodes（发射器节点）的文本框中，设置Polygon ID（多边形ID）为2，如图4-23所示。

步骤5：在"创建"面板中，单击FollowPath（跟随路径）按钮，如图4-24所示。在场景中任意位置处创建一个跟随路径图标，如图4-25所示。

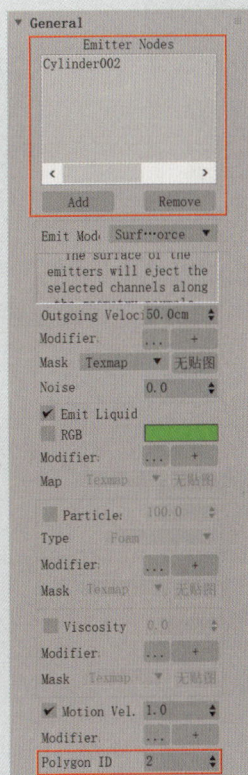

图 4-23

图 4-24

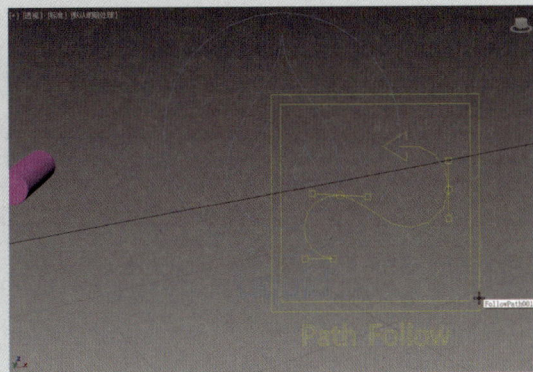

图 4-25

步骤6：选择液体模拟器，在"修改"面板中，单击Spline（样条线）后面的"无"按钮，如图4-26所示。拾取场景中的螺旋线后，Spline（样条线）后面按钮的名称会发生改变，如图4-27所示。

步骤7：选择液体模拟器，展开Dynamics（动力学）卷展栏，取消勾选Gravit（重力）复选框，如图4-28所示。

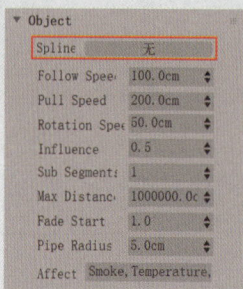
图　4-26

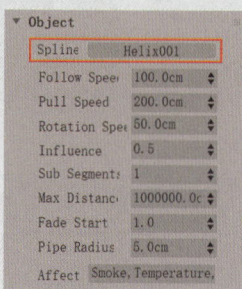
图　4-27

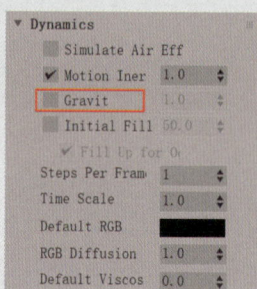
图　4-28

步骤8：在Simulation（模拟）卷展栏中，单击Start（开始）按钮，如图4-29所示，开始进行液体模拟计算。计算完成后，模拟出来的液体动画效果如图4-30所示。

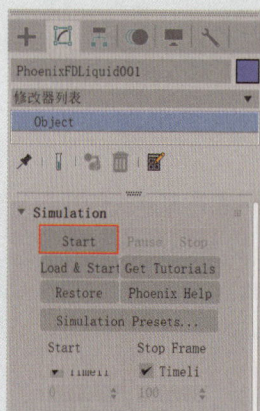
图　4-29

图　4-30

步骤9：在Preview（预览）卷展栏中，勾选Show Mesh（显示网格）复选框，如图4-31所示。这样，场景中的液体显示看起来会更加清楚，如图4-32所示。

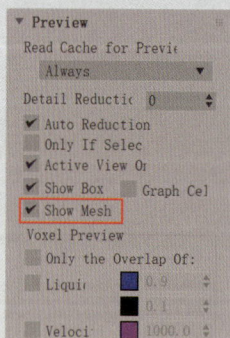
图　4-31

图　4-32

步骤10：在场景中选择跟随路径图标，在"修改"面板中，设置Follow Speed（跟随速度）为25cm，Pull Speed（拉力速度）为200cm，Rotation Speed（旋转速度）为800cm，如图4-33所示。

步骤11： 设置完成后，在Simulation（模拟）卷展栏中，单击Start（开始）按钮，开始进行液体模拟计算。计算完成后，模拟出来的液体动画效果如图4-34所示。

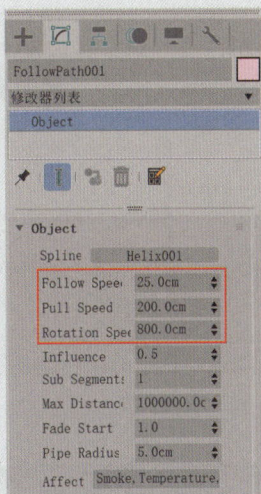

图 4-33

图 4-34

4.4 使用PHXTurbulence调整液体细节

步骤1： 在"创建"面板中，单击PHXTurbulence（PHX湍流）按钮，如图4-35所示。

步骤2： 在场景中坐标原点位置处创建一个PHX湍流，如图4-36所示。

步骤3： 在"修改"面板中，设置Strength（强度）为500，Size（尺寸）为50cm，Fractal Depth（分形深度）为5，如图4-37所示。

图 4-35

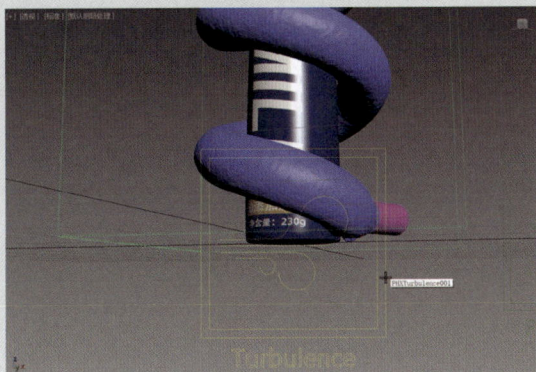

图 4-36

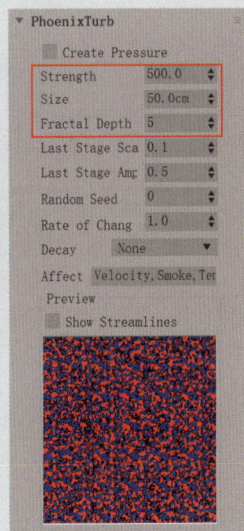

图 4-37

步骤4：设置完成后，开始进行液体模拟计算。计算完成后，模拟出来的液体动画效果如图4-38~图4-41所示。

图 4-38

图 4-39

图 4-40

图 4-41

步骤5：在Rendering（渲染）卷展栏中，设置Smoothness（平滑）为3，如图4-42所示。

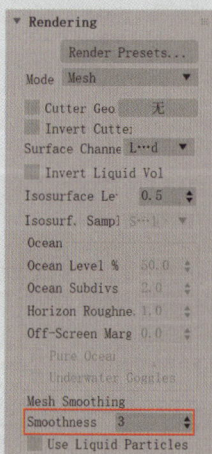

图 4-42

步骤6：这样可以得到更加平滑的液体动画效果，如图4-43所示为该值分别是0和3的液体显示效果对比。

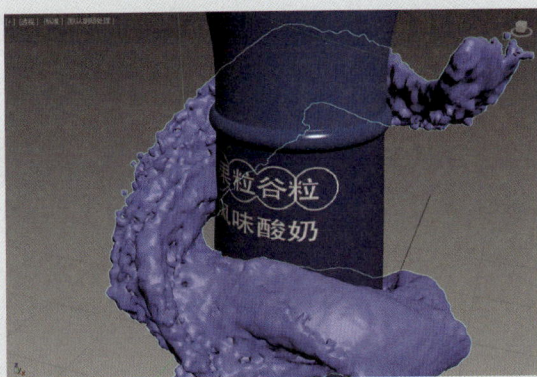

图 4-43

4.5 创建摄影机及灯光

步骤1：在"透视"视图中，调整视图的观察角度至如图4-44所示，使用组合键Ctrl+C，即可在该角度创建物理摄影机，如图4-45所示。

图 4-44

图4-45

步骤2：单击"侧滚摄影机"按钮，如图4-46所示，调整"摄影机"视图至如图4-47所示。

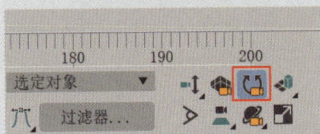

图 4-46

图 4-47

步骤3：在场景中选择酸奶瓶子模型，按N键打开"自动关键点"模式。在第0帧位置处，调整酸奶瓶子的旋转角度至如图4-48所示。

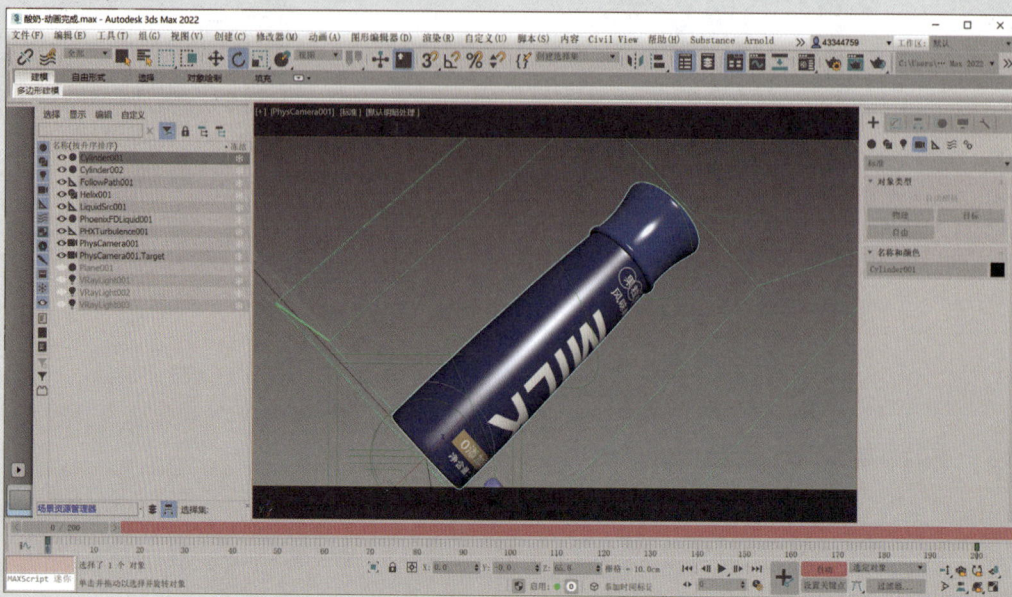

图 4-48

步骤4：在第200帧位置处，调整酸奶瓶子的旋转角度至如图4-49所示。再次按N键关闭"自动关键点"模式。

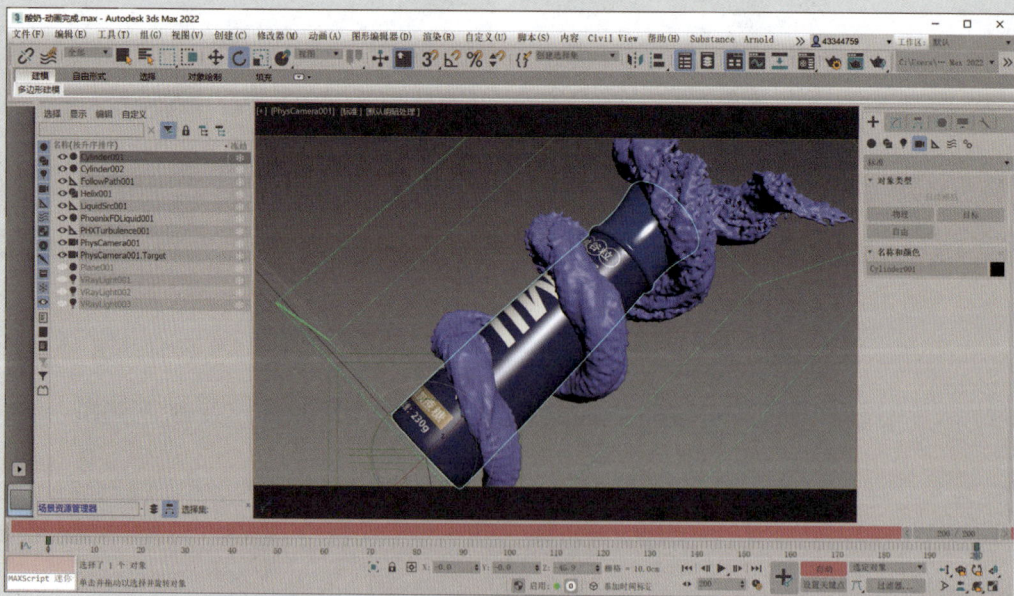

图 4-49

步骤5：在"创建"面板中，单击VRayLight（VRay灯光）按钮，如图4-50所示，在"前"视图中创建一个VRay灯光，如图4-51所示。

步骤6：在"修改"面板中，展开General（常规）卷展栏，设置Length（长度）为50cm，Width（宽度）为50cm，multiplier（倍增）为1，如图4-52所示。

图 4-50

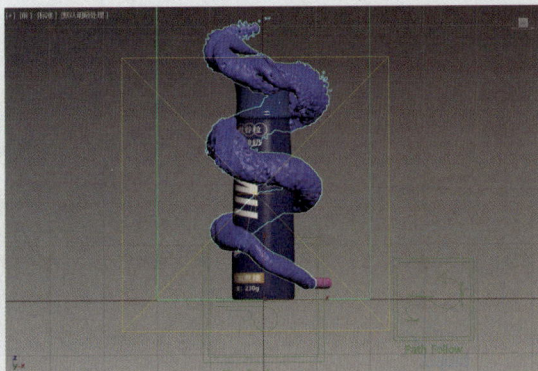

图 4-51

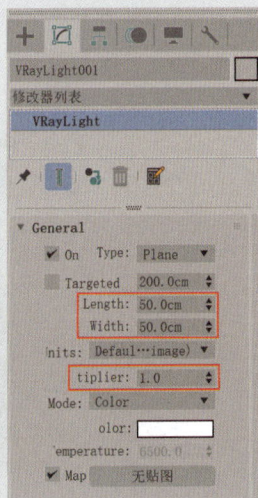

图 4-52

步骤7：在"顶"视图中，调整VRay灯光的位置至如图4-53所示。

步骤8：在场景中复制出2个VRay灯光，分别调整其位置至如图4-54所示。

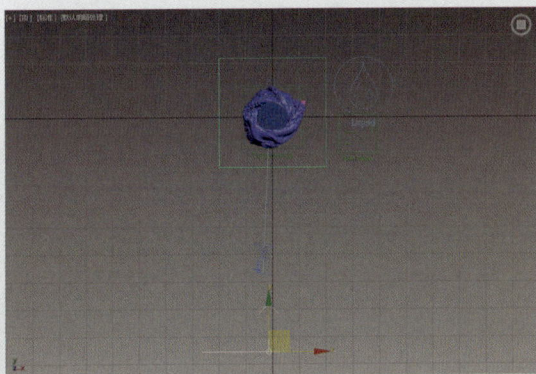

图 4-53

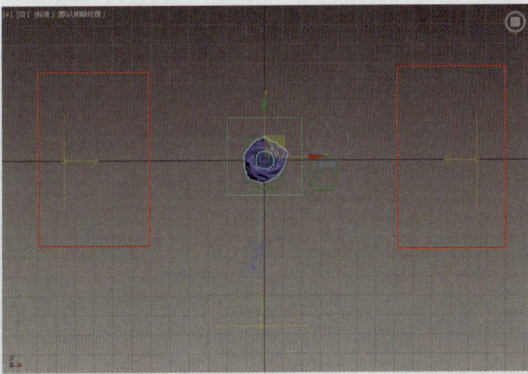

图 4-54

步骤9：单击"创建"面板中的"平面"按钮，如图4-55所示。在"前"视图中创建一个平面，如图4-56所示。

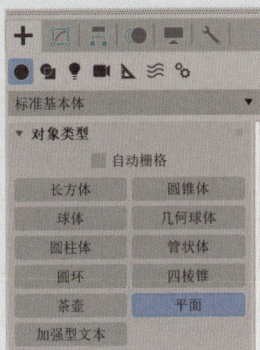

图 4-55

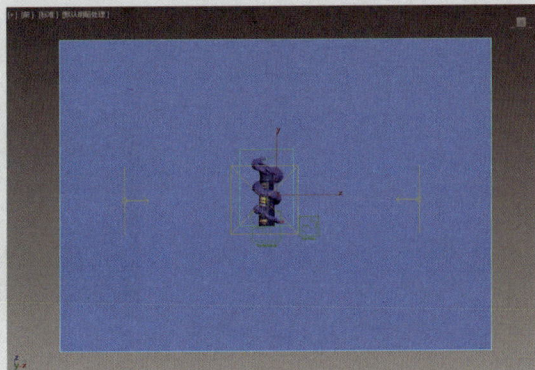

图 4-56

步骤10：在"顶"视图中，调整平面模型的位置至如图4-57所示。

步骤11：设置完成后，按C键，"摄影机"视图的显示结果如图4-58所示。

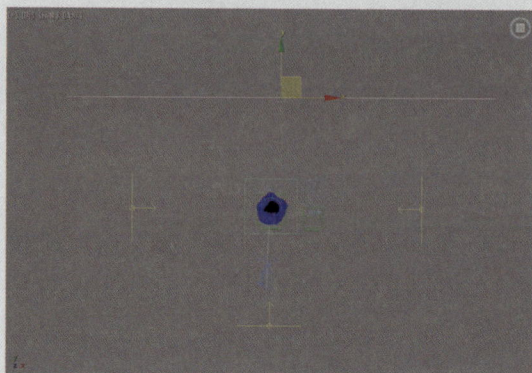

图　4-57

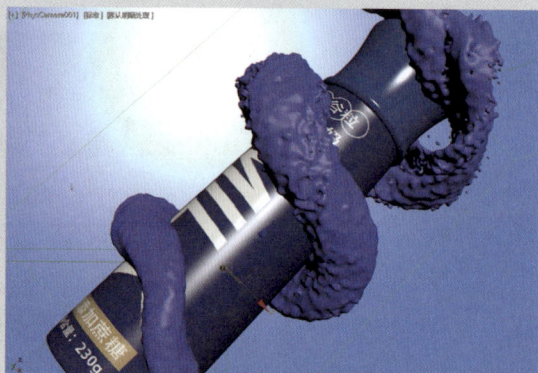

图　4-58

4.6　材质制作

步骤1：按M键打开"材质编辑器"面板，选择一个空白的"物理材质"球，重命名为"背景"并指定给平面模型。在"基本参数"卷展栏中，设置"基础颜色"为蓝色，设置"粗糙度"为0.5，如图4-59所示。其中，"基础颜色"的参数设置如图4-60所示。

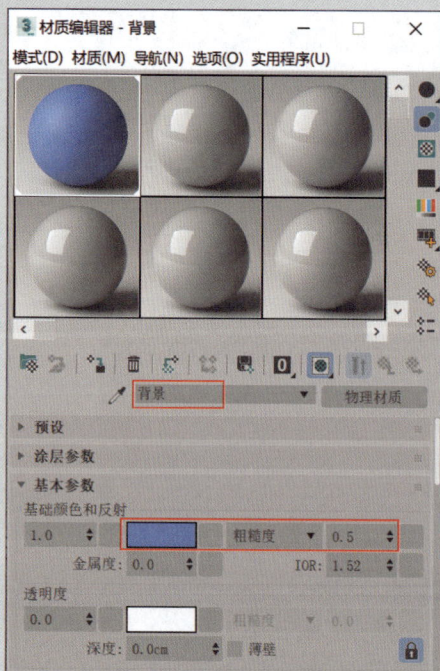

图　4-59

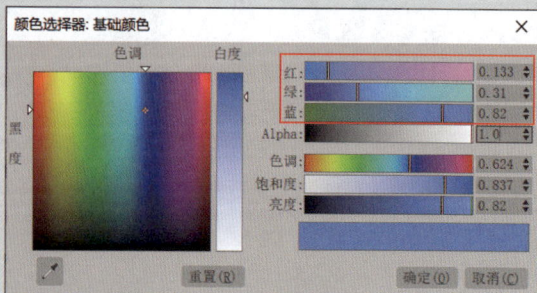

图　4-60

步骤2：选择一个空白的"物理材质"球，重命名为"草莓牛奶"并指定给液体模型。在"基本参数"卷展栏中，设置"基础颜色"为粉红色，设置"粗糙度"为0.25，如图4-61所示。其中，"基础颜色"的参数设置如图4-62所示。

图 4-61

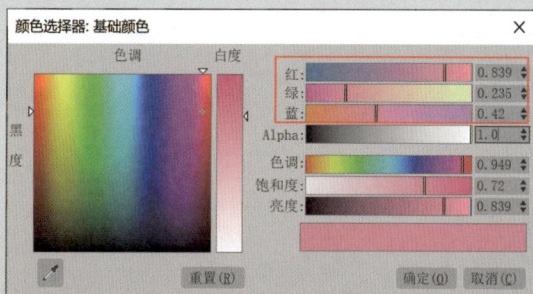

图 4-62

步骤3：设置完成后，添加了材质的液体显示结果如图4-63所示。

图 4-63

73

4.7 渲染输出

步骤1：打开"渲染设置"面板，可以看到场景已经预先设置了使用VRay渲染器来渲染场景，如图4-64所示。

步骤2：在V-Ray选项卡中，展开Image sampler（Antialiasing）（图像采样（抗锯齿））卷展栏，设置Type（类型）为Bucket（渲染块），如图4-65所示。

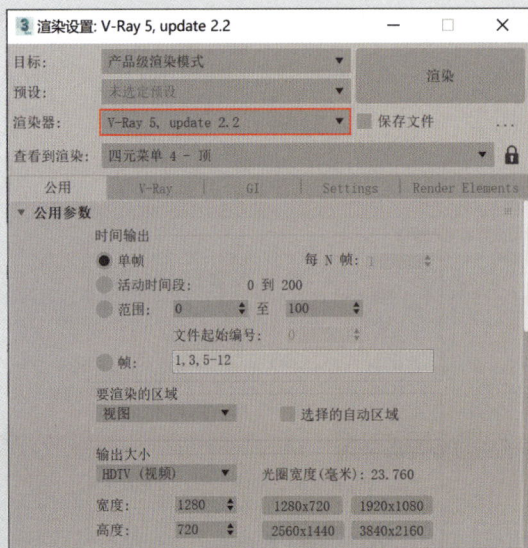

图 4-64

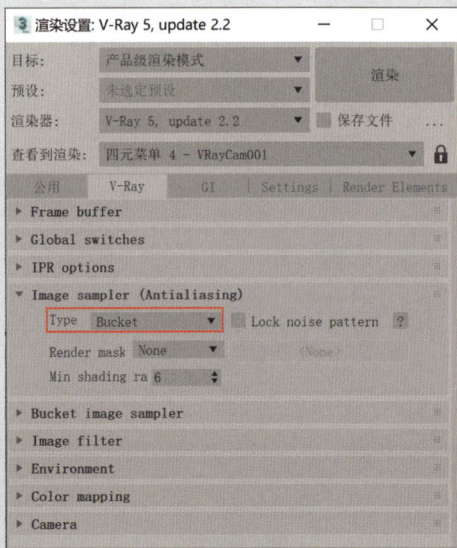

图 4-65

步骤3：调整完成后，渲染场景，渲染结果如图4-66所示。

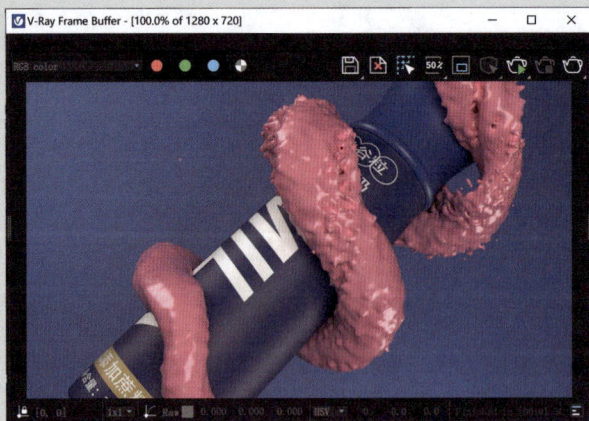

图 4-66

第5章

游艇浪花特效动画技术

5.1 效果展示

本章讲解如何在3ds Max中制作效果逼真的浪花特效，需要注意的是，制作这一特效需要使用到Chaosgroup公司生产的Phoenix FD火凤凰插件，另外还需要一台功能强大的计算机来进行液体动画计算。

本章的特效动画最终渲染效果如图5-1所示。

图 5-1

5.2 场景介绍

步骤1：启动3ds Max 2022软件，打开场景文件"游艇.max"，可以看到场景中有一只已经设置完成材质的游艇模型，如图5-2所示。

步骤2：在"场景资源管理器"面板中，可以看到这个游艇模型主要由船身和座椅这2个模型组成，如图5-3所示。

步骤3：执行菜单栏"自定义"|"单位设置"命令，如图5-4所示。

步骤4：在弹出的"单位设置"对话框中，将"显示单位比例"设置为"厘米"，如图5-5所示。

步骤5：单击"单位设置"对话框中的"系统单位设置"按钮，在弹出的"系统单位设置"对话框中设置1单位=1厘米，如图5-6所示。

图 5-2

图 5-3

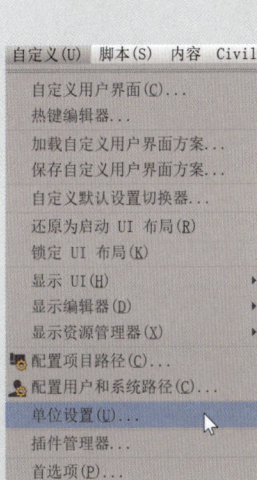
图 5-4

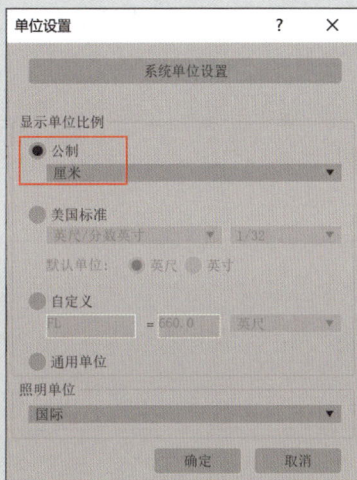
图 5-5

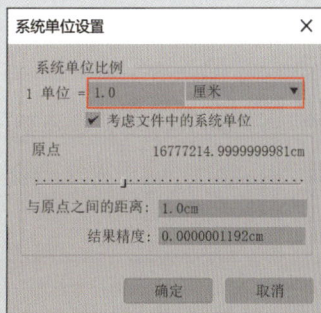
图 5-6

步骤6：在"创建"面板中单击"卷尺"按钮，如图5-7所示。

步骤7：在"前"视图中创建一个卷尺来测量游艇模型的长度，如图5-8所示。

步骤8：观察"参数"卷展栏，即可以查看当前游艇纵向方向上的长度约为911cm，符合真实世界中的对象尺寸，如图5-9所示。

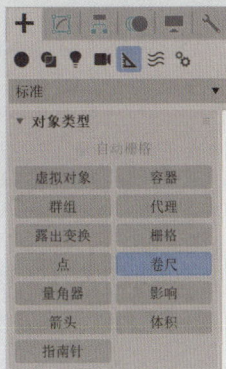
图 5-7

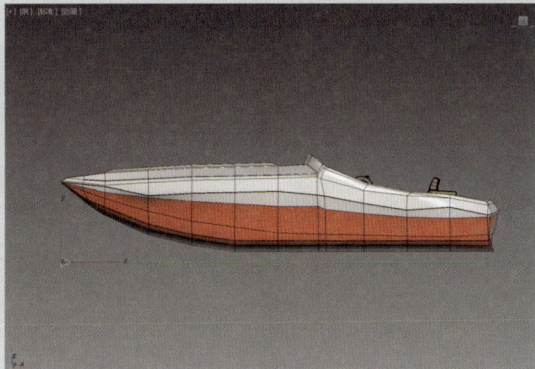
图 5-8

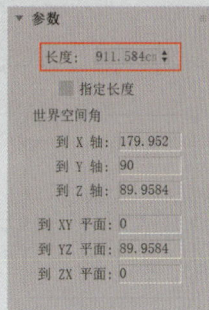
图 5-9

步骤9：以同样的方式检测游艇模型横向方向上的长度值，可以测得其横向方向的长度大约224cm，如图5-10和图5-11所示。

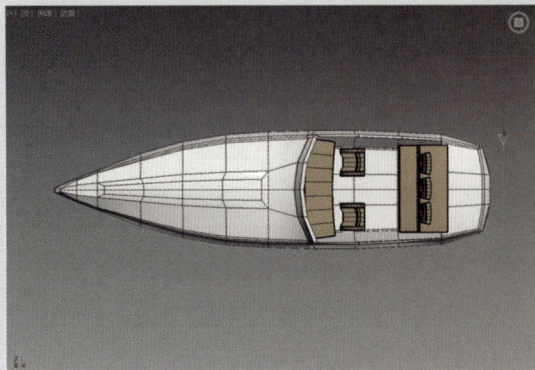 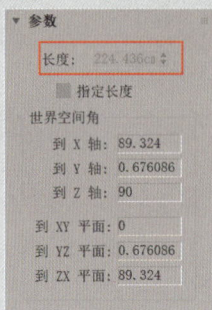

图 5-10　　　　　　　　　　　　　图 5-11

步骤10：根据测量结果，如果场景中的模型与真实世界的对象尺寸一致，那么就可以开始制作动画了。测量完成后，可以将场景中创建的卷尺删除。

◎技巧与提示·◎

使用Phoenix FD火凤凰插件来制作浪花、爆炸、燃烧等的特效动画之前，一定要先检查场景的单位设置，只有场景中的物体尺寸与现实世界的物体尺寸相符时，才能得到正确的计算结果。

5.3 制作LiquidSim跟随动画

在制作浪花动画特效之前，需要对场景中的游艇模型设置基本的位移动画及一些必要的绑定操作。

步骤1：单击"主工具栏"上的"选择并链接"图标，如图5-12所示。

步骤2：将场景中的座椅模型链接至船身模型上，如图5-13所示。设置完成后，可以在"场景资源管理器"中查看这两个模型之间的层级关系已经发生了改变，如图5-14所示。

步骤3：将"创建"面板的下拉列表切换至PhoenixFD，单击LiquidSim（液体模拟器）按钮，如图5-15所示。

步骤4：在"透视"视图中创建一个液体模拟器，如图5-16所示。

图 5-12

步骤5：在"修改"面板中，展开Grid（栅格）卷展栏，设置Cell Si（单元格大小）的值为5cm，设置X为360，Y为200，Z为25，如图5-17所示。

渲染王3ds Max‖三维特效动画技术（第2版）

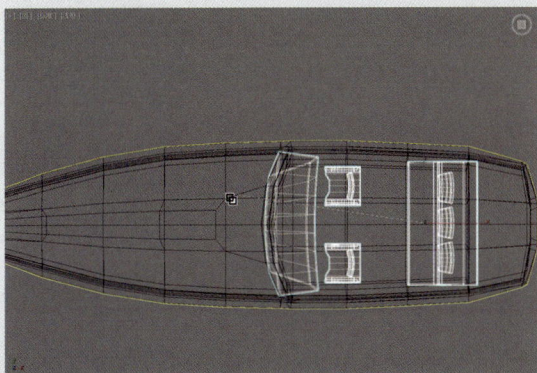

图 5-13

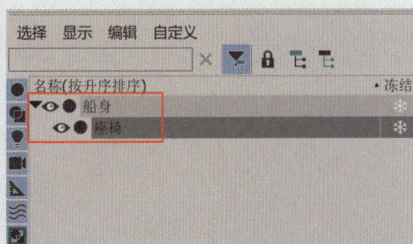

图 5-14

图 5-15

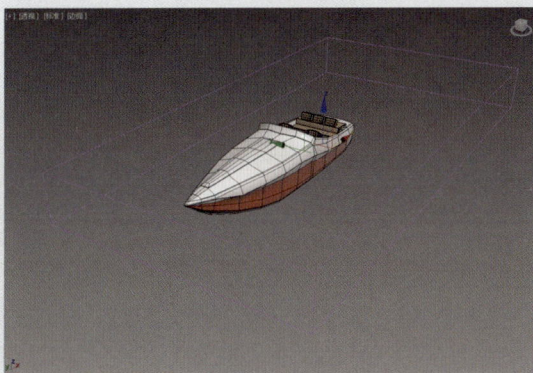

图 5-16

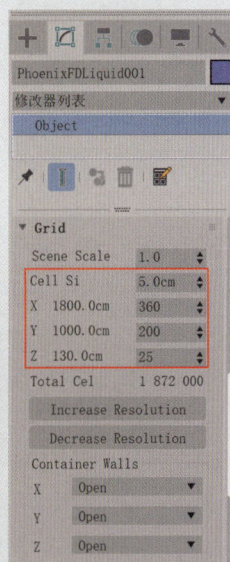

图 5-17

步骤6：调整液体模拟器的位置至如图5-18所示位置处。设置完成后，液体模拟器的视图显示效果如图5-19所示。

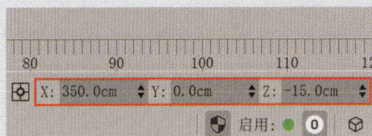

图 5-18

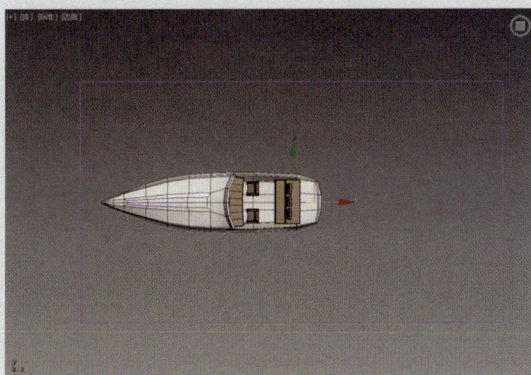

图 5-19

步骤7：按F键，在"前"视图中，观看液体模拟器的位置，如图5-20所示。

步骤8：在3ds Max软件界面的右下方单击"时间配置"按钮，如图5-21所示。

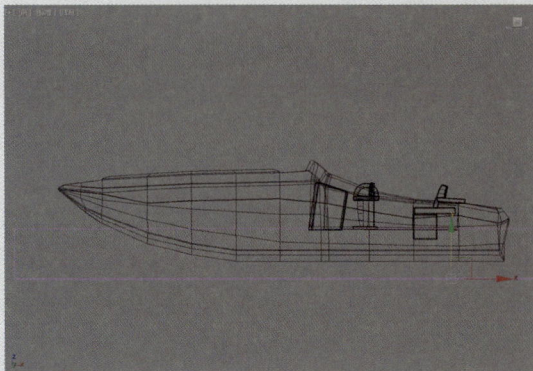

图 5-20

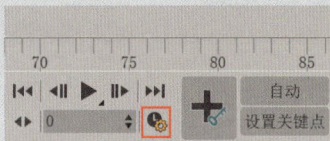

图 5-21

步骤9：在打开的"时间配置"对话框中，设置场景中的时间长度为200帧，设置完成后，单击"确定"按钮关闭该对话框，如图5-22所示。

步骤10：按N键打开"自动关键点"功能。将"时间滑块"按钮拖动至第200帧，将游艇模型沿X轴移动-7000cm，如图5-23所示。

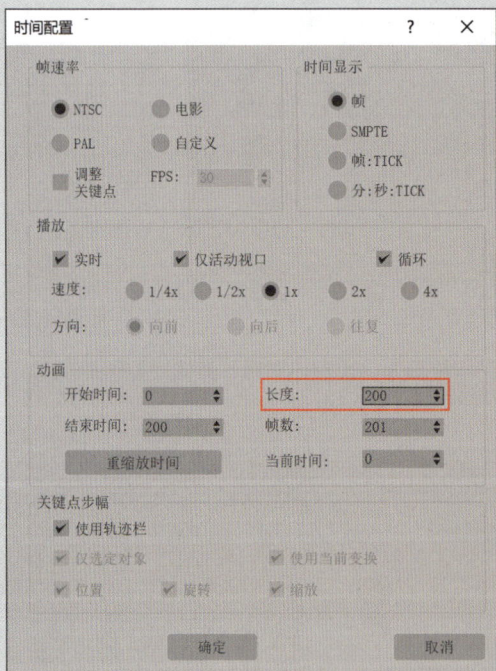

图 5-22

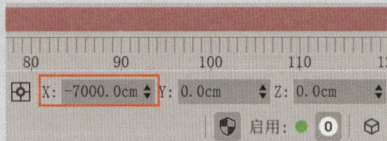

图 5-23

步骤11：设置完成后，再次按N键关闭"自动关键点"功能。右击并执行"曲线编辑器"命令，如图5-24所示。弹出的"曲线编辑器"面板如图5-25所示。

渲染王3ds Max三维特效动画技术（第2版）

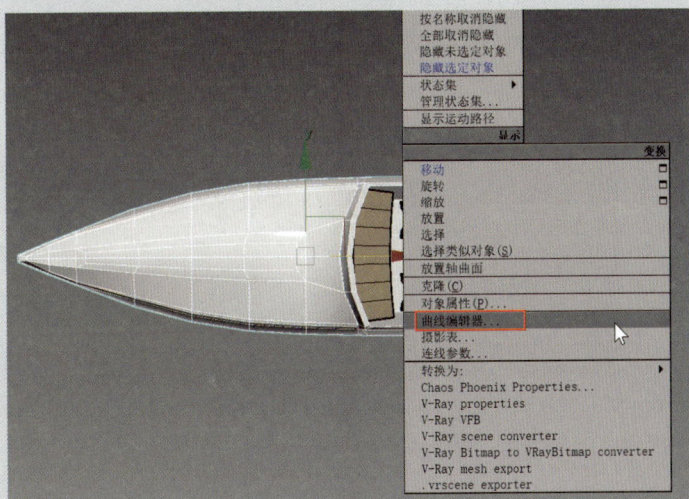

图 5-24

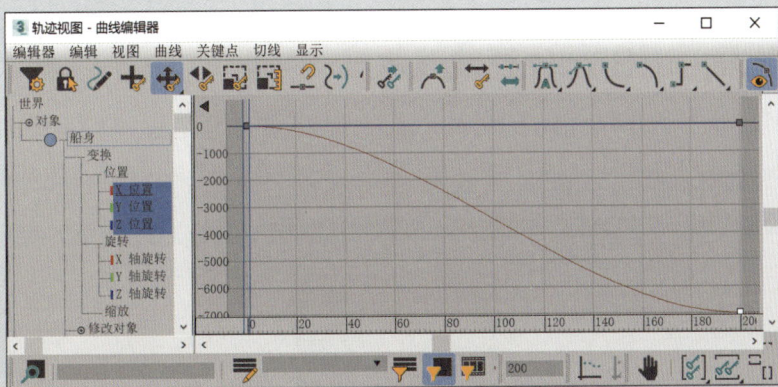

图 5-25

步骤12：在"曲线编辑器"面板中，选择第200帧的关键点，单击"将切线设置为线性"按钮，更改位移曲线至如图5-26所示，这样，游艇的运动呈一个加速的状态向前方行驶。

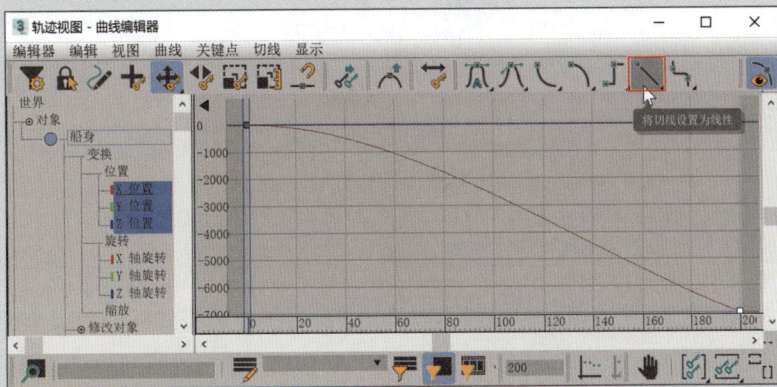

图 5-26

步骤13：将"时间滑块"按钮拖动回至第0帧，单击"主工具栏"上的"选择并链接"按钮，将液体模拟器绑定至游艇模型上，如图5-27所示。

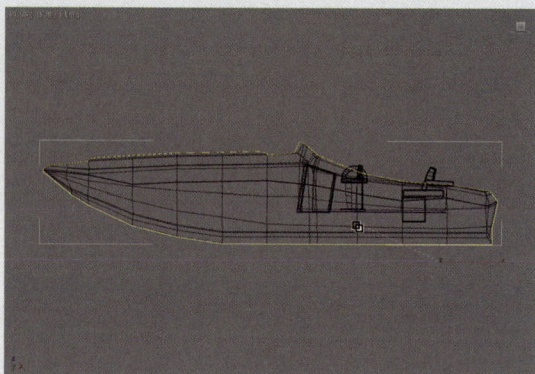

图 5-27

步骤14：设置完成后，拖动"时间滑块"按钮，即可看到液体模拟器已经开始跟随游艇模型一起运动。这样，场景的基本动画就设置完成了。

5.4 使用LiquidSim计算波浪效果

步骤1：选择液体模拟器，在"修改"面板中，展开Dynamics（动力学）卷展栏。勾选Initial Fill（初始填充）复选框，并设置"初始填充"的值为50，如图5-28所示。

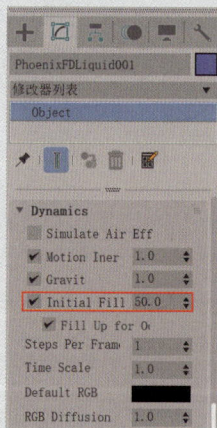

图 5-28

◎技巧与提示·∘

Initial Fill（初始填充）的值用来控制液体模拟器在其内部所生成的水面高度，较低的值则会在液体模拟器的范围内生成较低的水平面，反之亦然。由于水面的高度不同，该值还会对游艇与水面交互产生的浪花形态有显著影响。

要想得到较为逼真的浪花模拟效果，用户需要了解现实世界中不同种类船只下海后的吃水深度，也就是船的底部到船与水面相交的垂直距离。

步骤2：在Scene Interaction（场景交互）卷展栏中，单击Add（添加）按钮，将场景中的座椅模型添加进来，如图5-29所示。这样，液体将不会与座椅模型产生碰撞计算。

步骤3：设置完成后，展开Simulation（模拟）卷展栏，取消勾选Stop Frame（停止帧）组内的Timeli（时间）复选框，这样可以先模拟100帧的动画看一下效果，单击Start（开始）按钮，如图5-30所示，进行液体计算。如图5-31所示为第60帧的液体计算结果。

步骤4：单击展开Preview（预览）卷展栏。勾选Show Mesh（显示网格）复选框，并取消勾选Particle Previ（粒子预览）复选框，如图5-32所示。

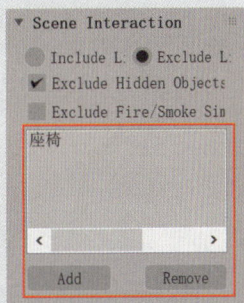

图 5-29

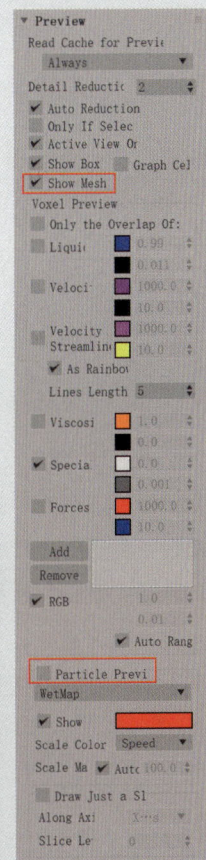

图 5-30

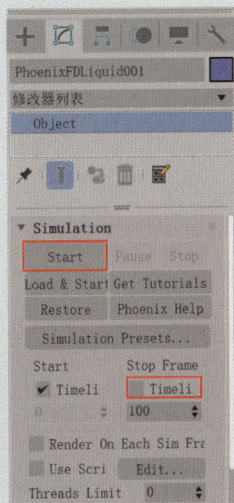

图 5-31

图 5-32

步骤5：在"透视"视图中查看浪花的实体形态，如图5-33所示。

步骤6：将视图切换至"前"视图，观察浪花模型，可以看到有一些浪花由于液体模拟器的高度较低，没有计算出完整的形态，如图5-34所示。

步骤7：展开Grid（栅格）卷展栏，设置Z为33，如图5-35所示。

步骤8：展开Dynamics（动力学）卷展栏。设置Initial Fill（初始填充）的值为35，如图5-36所示。

步骤9：展开Simulation（模拟）卷展栏，再次单击Start（开始）按钮，进行液体动画模拟计算，这次可以看到浪花的形态计算得完整了，如图5-37所示。

图 5-33

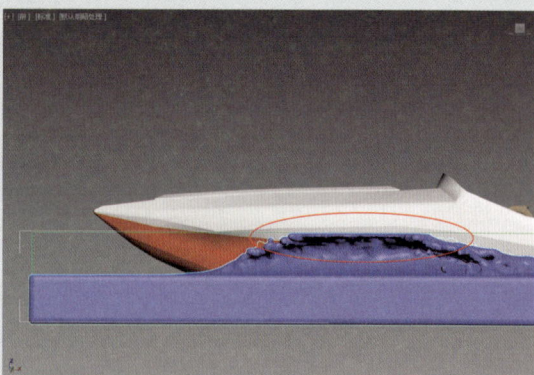

图 5-34

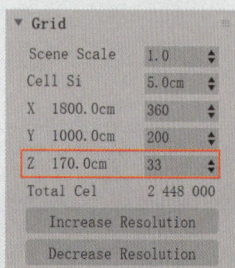

图 5-35

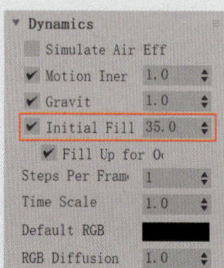

图 5-36

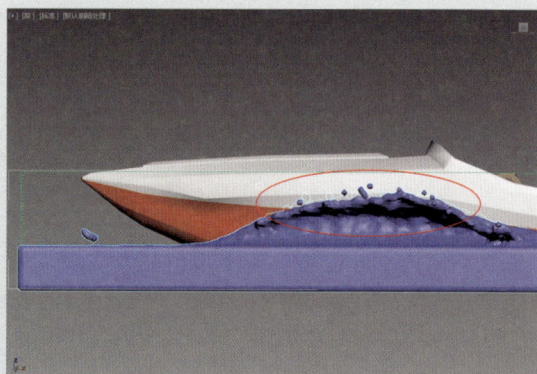

图 5-37

步骤10：在较低的单元格数量下模拟完液体动画，查看无误后，就可以降低Cell Si（单元格大小）的值，进行高精度的液体动画计算了。

步骤11：展开Grid（栅格）卷展栏，设置Cell Si（单元格大小）从5cm调为3cm，观察Total Cel（总计单元格）的数值变化，可以看到Total Cel的数值明显增加了。如图5-38所示为Cell Si分别是5cm和3cm的Total Cel的数值显示对比。

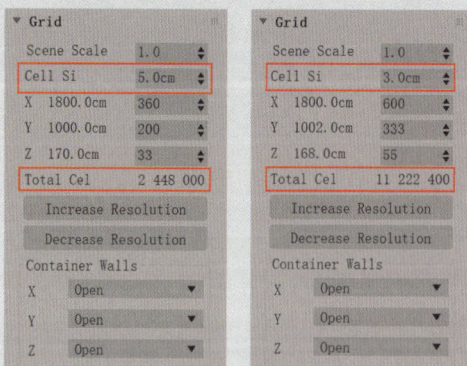

图 5-38

步骤12：展开Simulation（模拟）卷展栏，再次单击Start（开始）按钮，进行液体动画模拟计算，如图5-39所示。

图 5-39

步骤13：经过一段时间的计算之后，浪花的动画计算就完成了。如图5-40所示为第100帧的波浪动画计算结果。

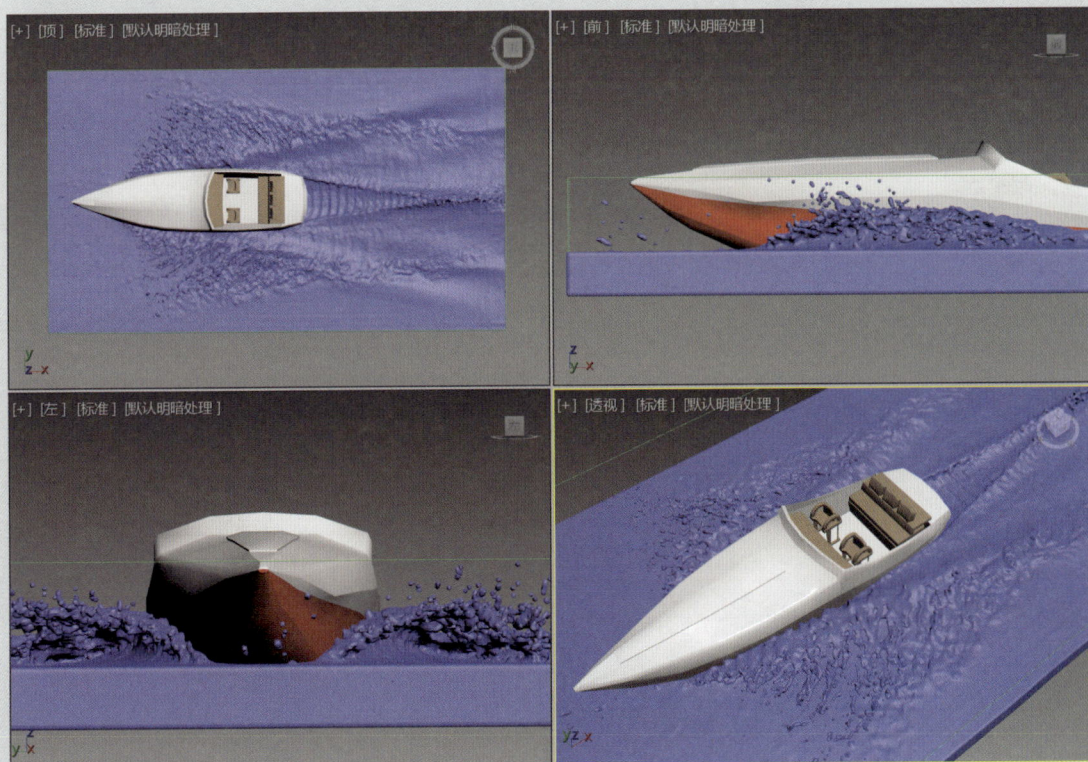

图 5-40

步骤14：在"透视"视图中，按F4键，可以观察到波浪的网格数量构成，如图5-41所示。

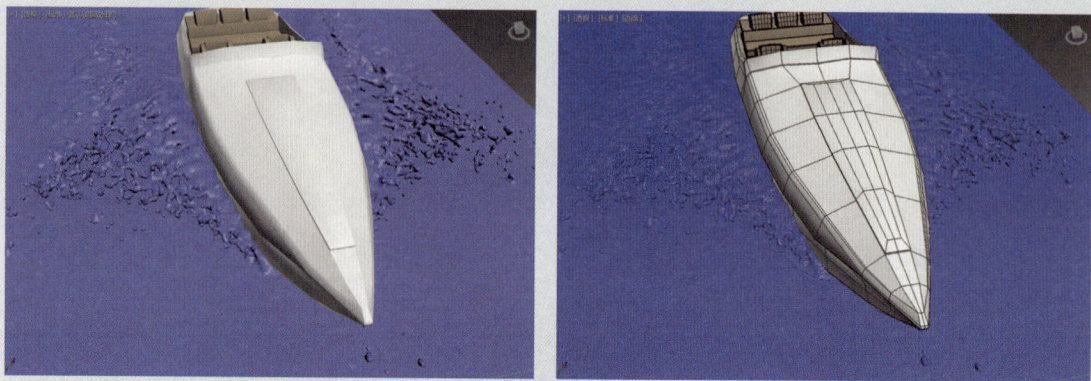

图 5-41

5.5 使用LiquidSim制作飞溅及泡沫效果

步骤1：接下来，开始进行水花及泡沫的模拟。在"修改"面板中，展开Foam（泡沫）卷展栏，勾选Enable（启用）复选框，如图5-42所示。

步骤2：系统这时会自动弹出Chaos Phoenix对话框，单击Yes按钮，如图5-43所示。关闭该对话框后，观察场景，可以看到场景中多了一个Particle Shader图标，如图5-44所示。

步骤3：在Foam（泡沫）卷展栏中，设置Foam Amount（泡沫数量）为0.01，Birth Threshc（出生阈值）为100cm，Size（大小）为0.5cm，如图5-45所示。

步骤4：在Preview（预览）卷展栏中，勾选Particle Previ（粒子预览）复选框，如图5-46所示。

步骤5：展开Splash/Mist（飞溅/薄雾）卷展栏，勾选Enable（启用）复选框，如图5-47所示。

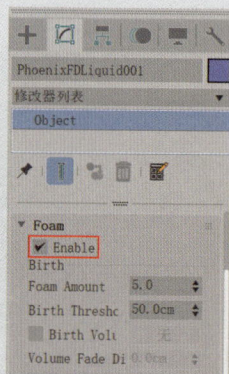

图 5-42

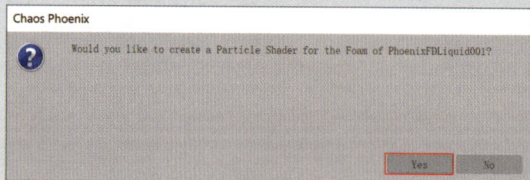

图 5-43

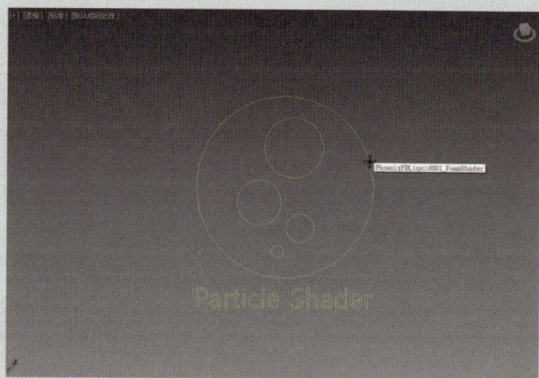

图 5-44

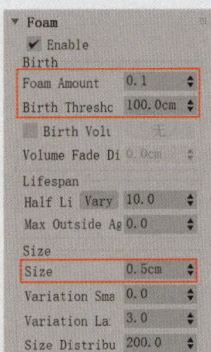
图 5-45

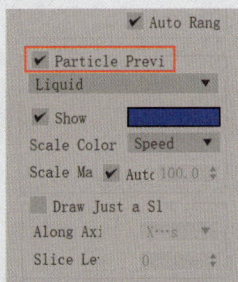
图 5-46

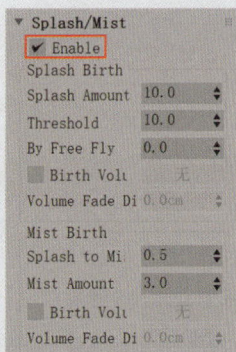
图 5-47

步骤6：系统这时会自动弹出Chaos Phoenix对话框，单击Yes按钮，如图5-48所示。关闭该对话框后，观察场景，可以看到场景中又多了一个Particle Shader图标，如图5-49所示。

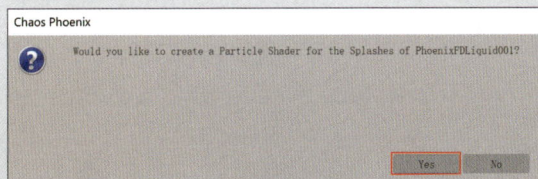
图 5-48

图 5-49

步骤7：在Splash Birth（飞溅出生）组中，设置Splash Amount（飞溅数量）为20，如图5-50所示。

步骤8：设置完成后，展开Simulation（模拟）卷展栏，再次单击Start（开始）按钮，进行液体动画模拟计算，经过一段时间的模拟计算后，将"时间滑块"按钮拖动至第130帧，浪花上产生的飞溅、薄雾和泡沫粒子的视图显示结果如图5-51所示。

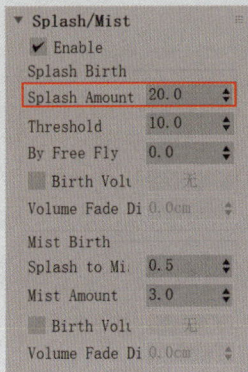
图 5-50

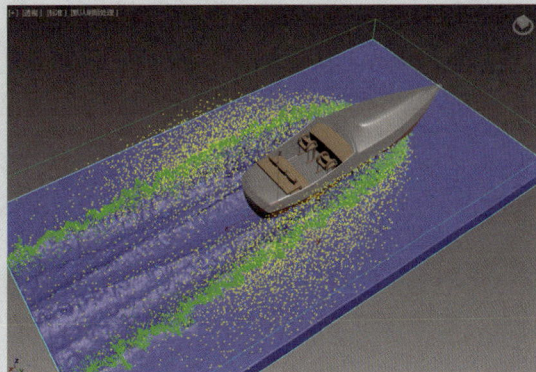
图 5-51

　　在默认状态下，泡沫粒子的颜色为绿色，薄雾粒子为黄色，飞溅粒子为浅蓝色。此外，场景中是否生成了泡沫、薄雾、飞溅粒子及其数量，还可以通过观察Simulation（模拟）卷展栏下方文本框中对应属性的数值来进行判断，如图5-52所示。

　　读者应当在该文本框中注意场景中生成泡沫、飞溅等粒子的数量。过多的数量可能只会提升一点点画面的效果，但是在渲染时却需要消耗大量的时间，甚至可能会出现软件弹出的情况。这一点请务必注意！

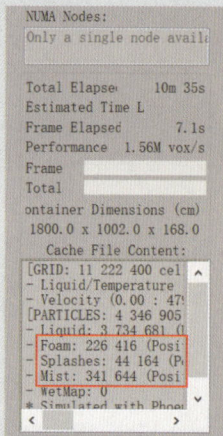

图 5-52

步骤9：如图5-53~图5-57所示分别为波浪、泡沫、飞溅、薄雾以及同时显示的视图显示结果。

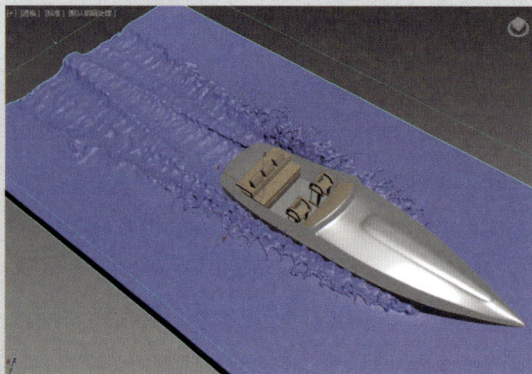

图 5-53

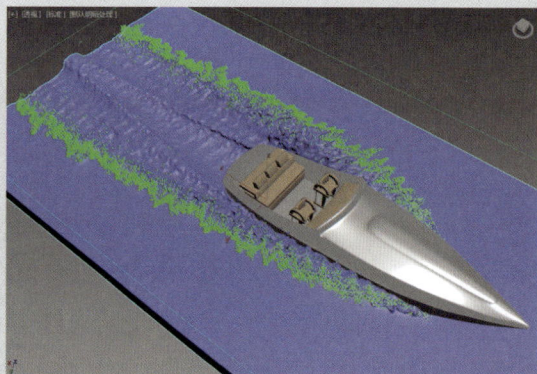

图 5-54

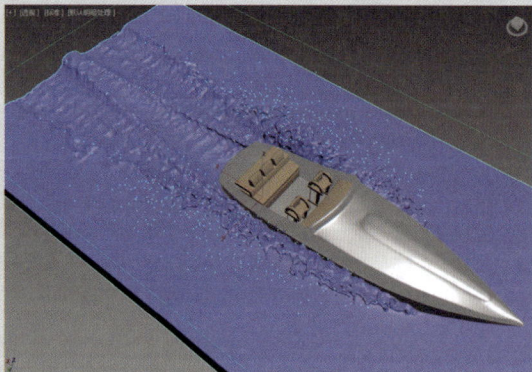

图 5-55

图 5-56

渲染王3ds Max三维特效动画技术（第2版）

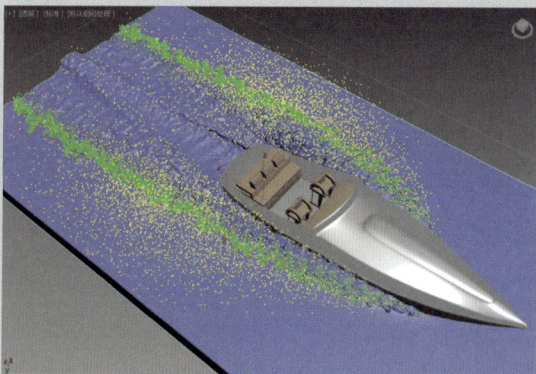

图　5-57

5.6　使用物理材质制作海洋材质

　　步骤1：在场景中选择液体模拟器，在"修改"面板中，单击展开Rendering（渲染）卷展栏，将Mode（模式）切换为Ocean Mesh（海洋网格），如图5-58所示。切换时，系统会自动弹出Chaos Phoenix对话框，单击Yes（是）按钮，即可关闭该对话框，如图5-59所示。

　　步骤2：设置完成后，观察场景，可以看到液体模拟器的显示状态发生了变化，如图5-60所示。

　　步骤3：从显示结果可以看出，生成的海洋平面是无限大的，并不仅限于液体模拟器的大小，但是在液体模拟器的边缘可以看到后生成的水面与PHX模拟器内的水面具有一定的高差，这个高差也会使得将来的渲染结果看起来很不自然。

　　步骤4：在Rendering（渲染）卷展栏中，设置Ocean Level（海平面）的值为37，如图5-61所示。再次观察场景，结果如图5-62所示。

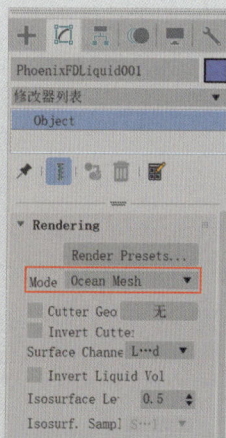

图　5-58

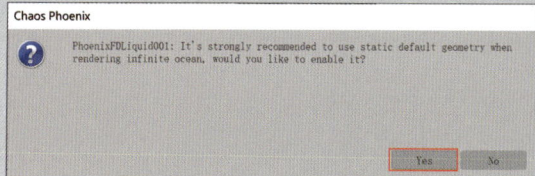

图　5-59

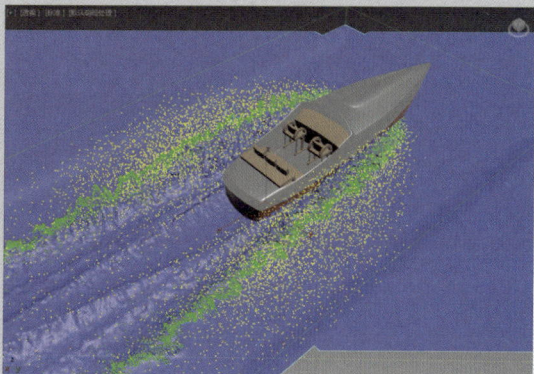

图　5-60

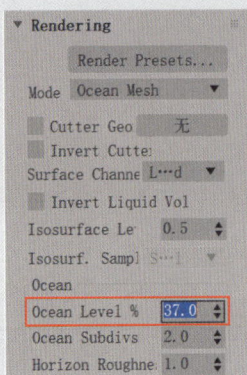

图 5-61

图 5-62

> ◉技巧与提示 · ◦
>
> 通过设置Ocean Level（海平面）可以有效将无限水面与液体模拟器内的水面所产生的高差消除到最低，这一数值需要尝试多次渲染才可以最终确定。

步骤5：按M键打开"材质编辑器"面板，选择一个空白的"物理材质"球，指定给液体模拟器后，并重命名为"海洋"选项，如图5-63所示。

图 5-63

步骤6：在"基本参数"卷展栏中，设置"基本颜色"为海蓝色，"粗糙度"为0.1，如图5-64所示，其中，"基本颜色"的参数设置如图5-65所示。

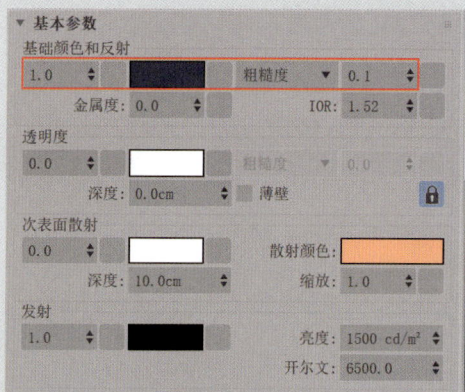
图 5-64

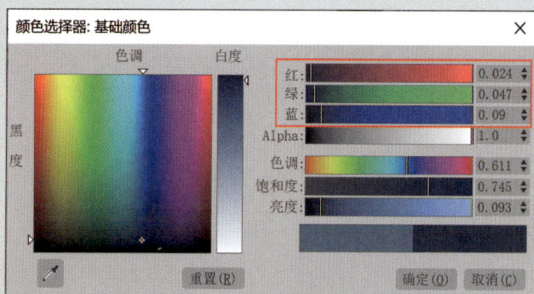
图 5-65

步骤7：在"修改"面板中，展开Rendering（渲染）卷展栏，勾选Displacement（置换）复选框，并单击Map（贴图）后面的"无贴图"按钮，如图5-66所示。在弹出的"材质/贴图浏览器"对话框中，选择PhoenixFDOceanTex（海洋纹理贴图）选项，如图5-67所示。

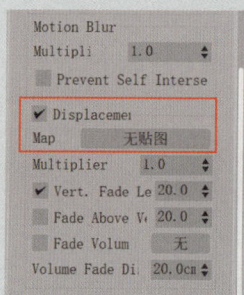
图 5-66

图 5-67

步骤8：设置完成后，观察场景，液体模拟器的视图显示结果如图5-68所示。

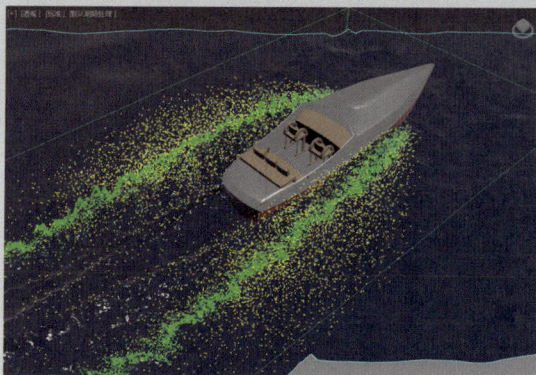
图 5-68

91

5.7 添加摄影机及灯光

步骤1：在"创建"面板中，将灯光的下拉列表切换至VRay，单击 VRaySun（VRay太阳）按钮，如图5-69所示。

步骤2：在"前"视图中创建一个VRay太阳灯光，如图5-70所示，创建时，系统会自动弹出V-Ray Sun对话框，如图5-71所示，单击"是"按钮，完成灯光的创建。

步骤3：在"顶"视图中，调整VRay太阳灯光至如图5-72所示。

步骤4：在"修改"面板中，展开Sun Parameters（太阳属性）卷展栏，设置Size multiplier（大小）为6，如图5-73所示。

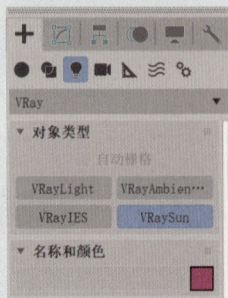

图 5-69

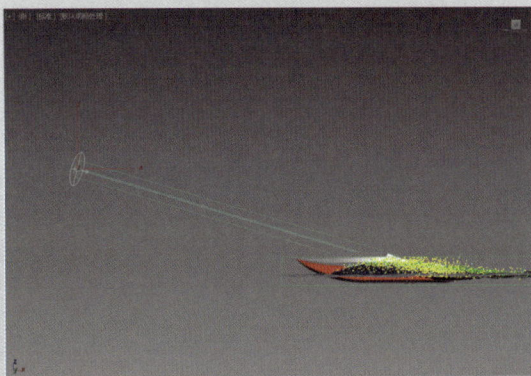

图 5-70

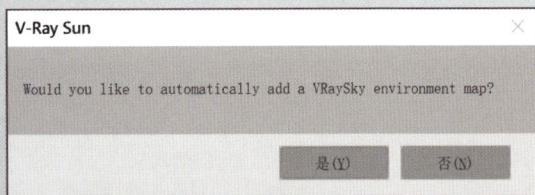

图 5-71

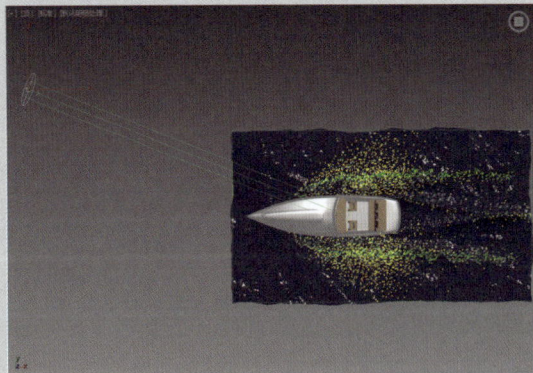

图 5-72

图 5-73

步骤5：在"创建"面板中，将摄影机的下拉列表切换至VRay，单击VRayPhysicalCamera（VRay物理摄影机）按钮，如图5-74所示。在"前"视图中创建一个VRay物理摄影机，如图5-75所示。

步骤6：在第0帧位置处，调整VRay物理摄影机的位置和角度至如图5-76所示。

步骤7：单击"主工具栏"上的"选择并链接"按钮。将VRay物理摄影机绑定至游艇模型上，如图5-77所示。

渲染H3ds Max三维特效动画技术（第2版）

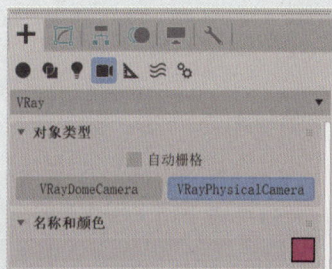

图 5-74

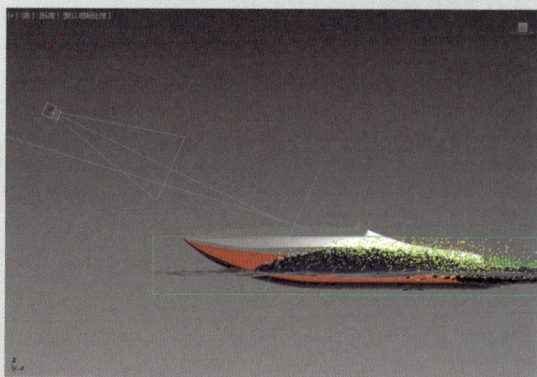

图 5-75

图 5-76

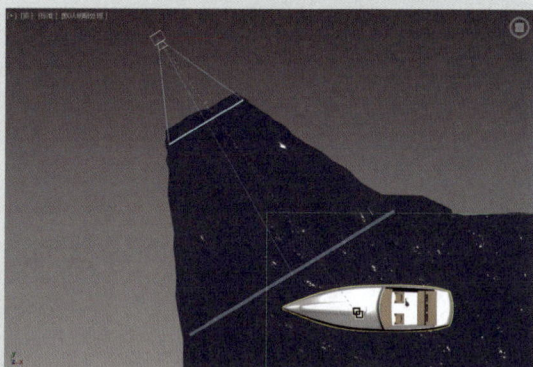

图 5-77

步骤8：在"修改"面板中，展开Basic & Display（基础显示）卷展栏，取消勾选Targeted（目标）复选框，如图5-78所示。

步骤9：按N键打开"自动关键点"模式。在第200帧位置处，调整摄影机的位置和角度至如图5-79所示。动画制作完成后，再次按N键关闭"自动关键点"模式。

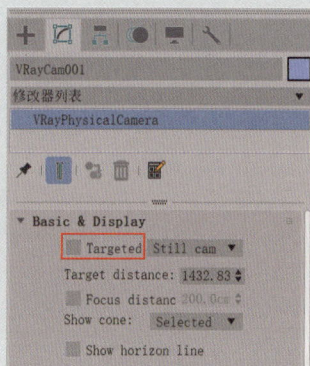

图 5-78

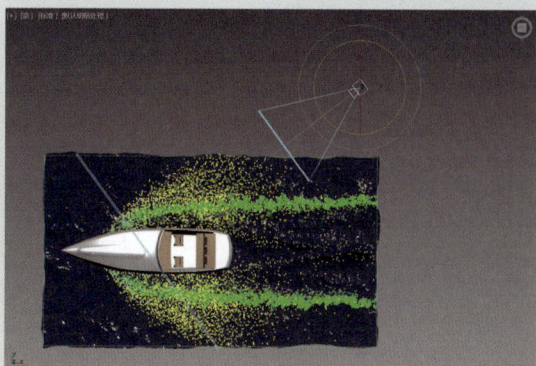

图 5-79

步骤10：播放场景动画，本实例最终制作完成的动画效果如图5-80~图5-83所示。

图 5-80

图 5-81

图 5-82

图 5-83

5.8 渲染输出

对场景进行摄影机和灯光创建完成后，就可以开始设置渲染。

步骤1：打开"渲染设置"面板，可以看到场景已经预先设置了使用VRay渲染器来渲染场景，如图5-84所示。

步骤2：在V-Ray选项卡中，展开Image sampler（Antialiasing）（图像采样（抗锯齿））卷展栏，设置Type（类型）为Bucket（渲染块）；展开Color mapping（色彩贴图）卷展栏，设置Type（类型）为Exponential（指数），使用该选项可以避免渲染结果出现曝光问题，如图5-85所示。

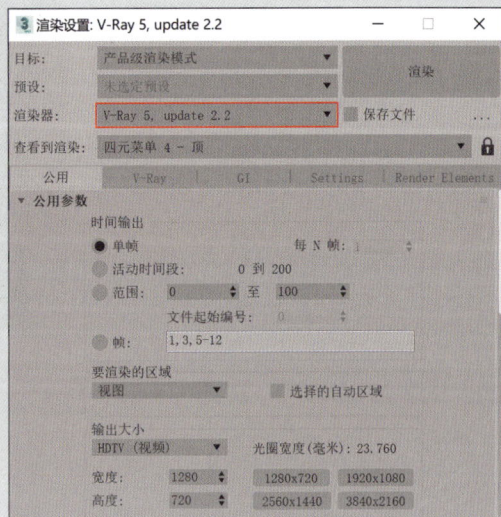
图 5-84

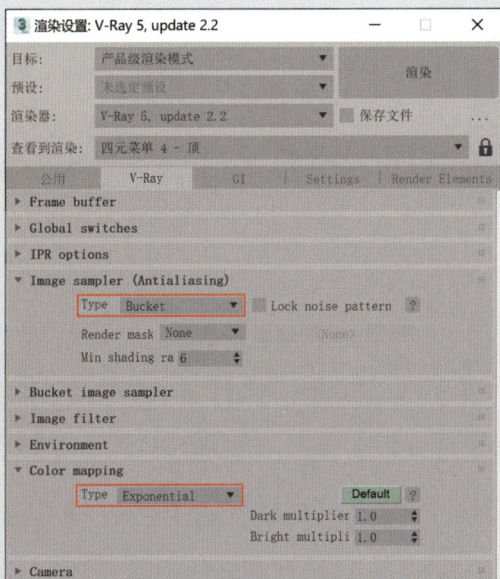

图 5-85

步骤3：设置完成后，渲染场景，渲染结果如图5-86所示。

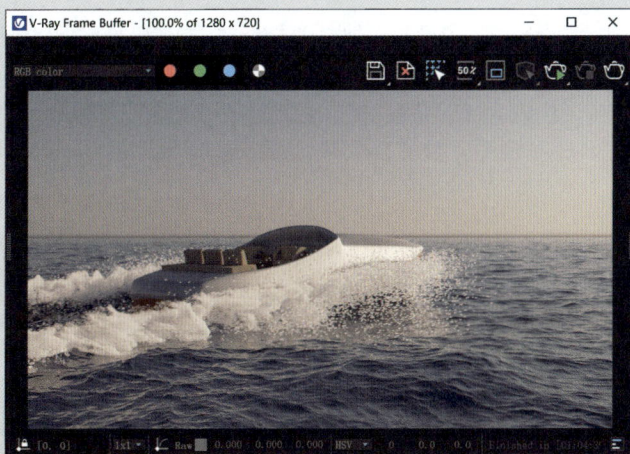

图 5-86

第6章

文字变形特效动画技术

6.1 效果展示

本章讲解如何在3ds Max中制作一个水银质感的液体文字变形为另一个文字的动画特效，需要注意的是，制作这一特效需要使用到Chaosgroup公司生产的Phoenix FD火凤凰插件及VRay渲染器。

本章的特效动画最终渲染效果如图6-1所示。

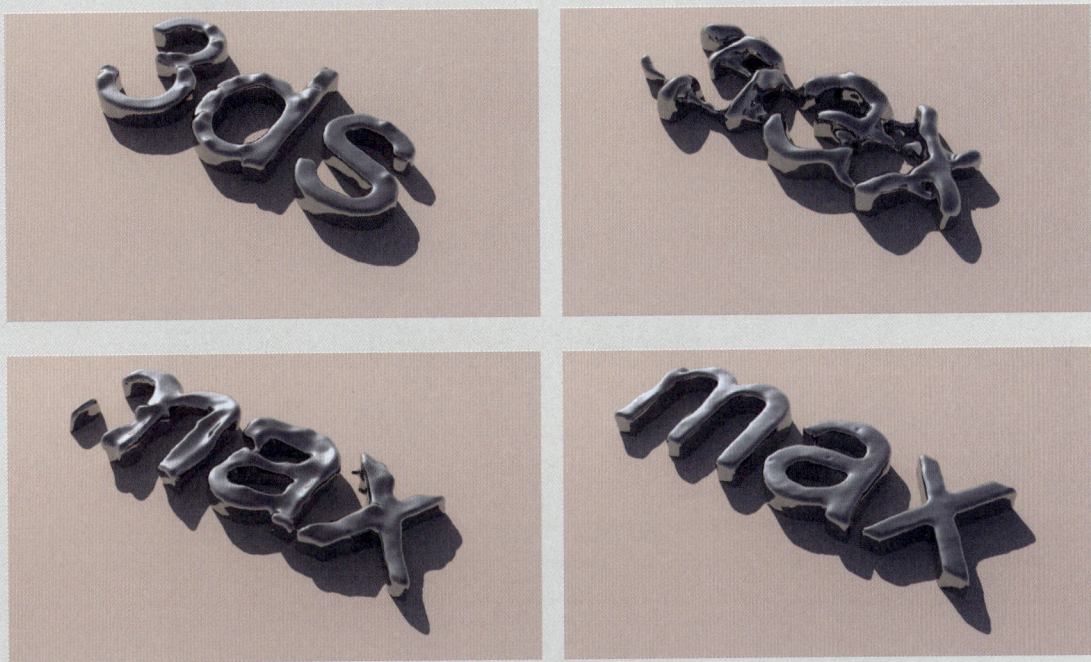

图 6-1

6.2 创建文字模型

步骤1：启动中文版3ds Max 2022软件，执行菜单栏"自定义"|"单位设置"命令，如图6-2所示。

步骤2：在弹出的"单位设置"对话框中，将"显示单位比例"设置为"厘米"，如图6-3所示。

步骤3：单击"单位设置"对话框中的"系统单位设置"按钮，在弹出的"系统单位设置"对话框中设置1单位=1厘米，如图6-4所示。

步骤4：在"创建"面板中，单击"文本"按钮，如图6-5所示。

步骤5：在场景中坐标原点位置处创建一个文本线条，如图6-6所示。

步骤6：在"修改"面板中，展开"参数"卷展栏，设置文本的字体为Arial，在"文本"框内输入3ds，如图6-7所示。设置完成后，文本线条的视图显示结果如图6-8所示。

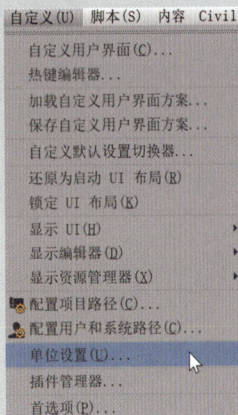

图 6-2

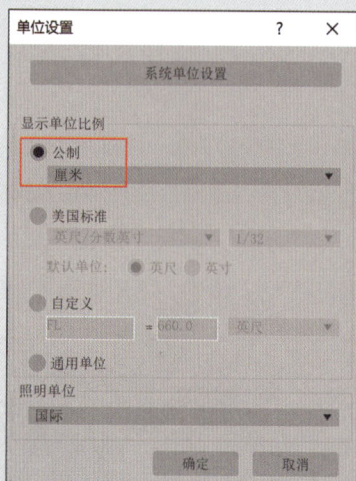

图 6-3

图 6-4

图 6-5

图 6-6

图 6-7

图 6-8

渲染王3ds Max三维特效动画技术（第2版）

步骤7：在"修改"面板中，为文本线条添加"挤出"修改器，并设置"数量"值为10cm，如图6-9所示。设置完成后，可以看到一个简单的文字模型就创建完成了，如图6-10所示。

步骤8：选择文字模型，右击并执行"克隆"命令，如图6-11所示。在系统自动弹出的"克隆选项"对话框中，选择"复制"单选按钮，如图6-12所示，即可原地复制出一个新的文字模型。

步骤9：选择新复制出来的模型，在"修改"面板中，将"文本"框内的文字改为max，如图6-13所示。为了方便观察，现在将第2个文字模型的颜色改为红色显示，设置完成后，场景中的文字模型显示结果如图6-14所示。

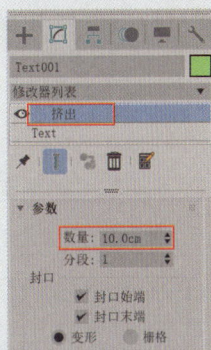

图 6-9

图 6-10

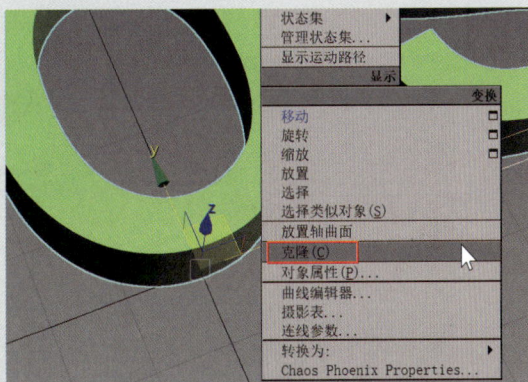

图 6-11

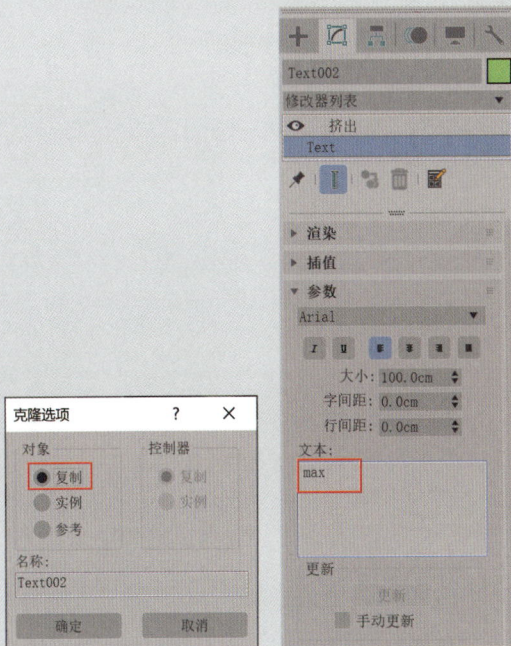

图 6-12　　图 6-13

图 6-14

6.3 使用LiquidSim制作液体文字

步骤1：选择绿色的文字模型，右击并执行Chaos Phoenix Properties（Chaos Phoenix属性）命令，如图6-15所示。

步骤2：在弹出的Phoenix Props for 1 Nodes对话框中，取消勾选Solid Object（固体对象）复选框，勾选Initial Liquid Fill（初始液体填充）复选框，如图6-16所示。

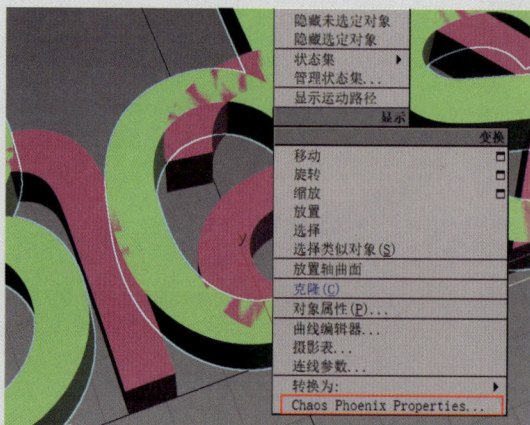

图 6-15

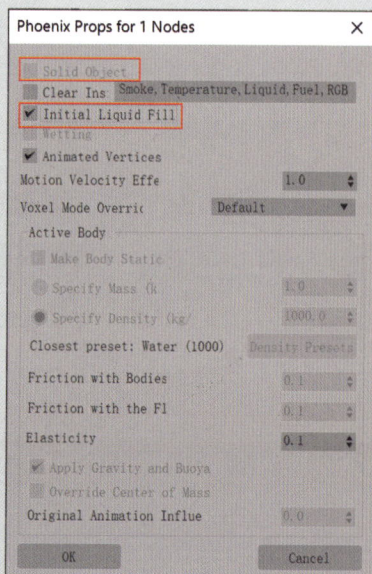

图 6-16

步骤3：将"创建"面板的下拉列表切换至PhoenixFD，单击LiquidSim（液体模拟器）按钮，如图6-17所示。在场景中创建一个液体模拟器。

步骤4：在"修改"面板中，展开Grid（栅格）卷展栏，设置Cell Si（单元格大小）的值为1cm，设置X为200，Y为100，Z为25；在Container Walls（容器墙）组内，设置X和Y为Jammed both（阻挡），设置Z为Jammed（-）（阻挡-），如图6-18所示。

步骤5：调整液体模拟器的位置至如图6-19所示位置处。设置完成后，液体模拟器的视图显示效果如图6-20所示。

步骤6：在Simulation（模拟）卷展栏中，先取消勾选Stop Frame（停止帧）组中的Timeline（时间线）复选框，设置Stop Frame（停止帧）为10，再单击Start（开始）按钮，如图6-21所示。这样，可以先模拟10帧的液体动画效果。

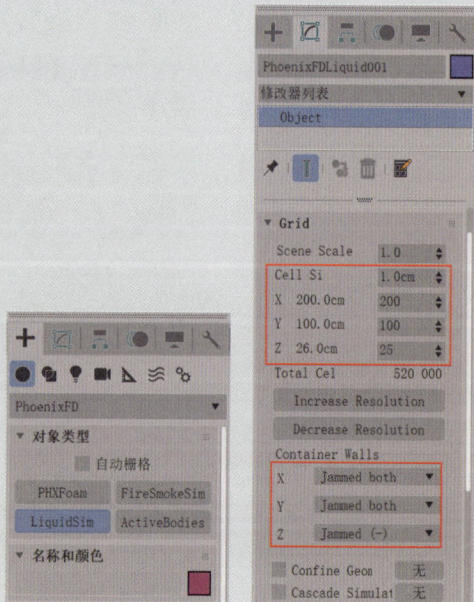

图 6-17

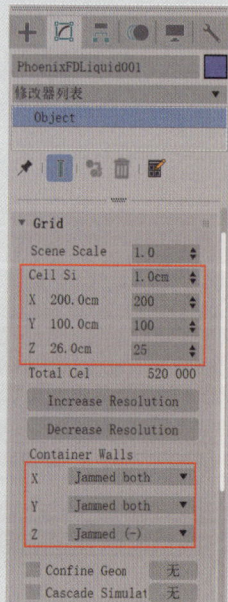

图 6-18

渲染王3ds Max三维特效动画技术（第2版）

步骤7：模拟完成后，液体的视图显示结果如图6-22所示。仔细观察该结果，可以发现液体会从场景中的第1个绿色文字上出现，并与场景中的液体模拟器边界和第2个红色文字模型产生碰撞效果。

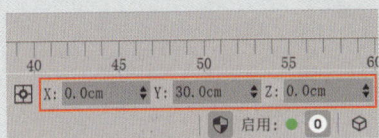

图 6-19

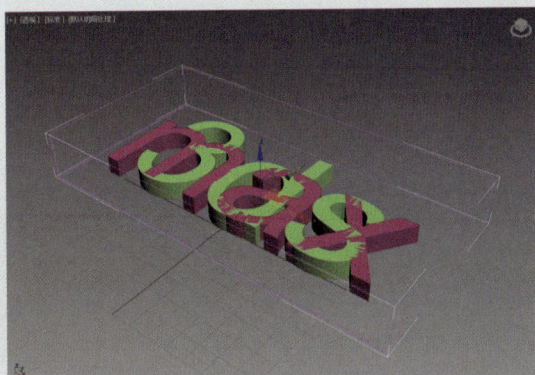

图 6-20

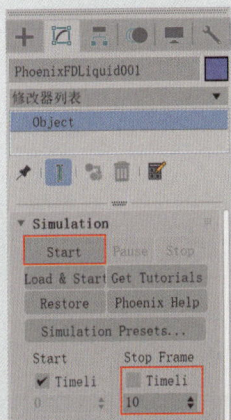

图 6-21

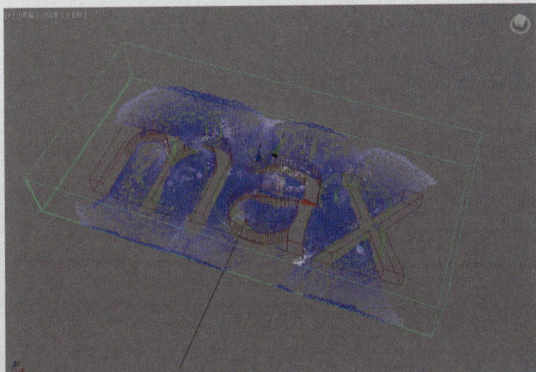

图 6-22

步骤8：在Preview（预览）卷展栏中，勾选Show Mesh（显示网格）复选框，如图6-23所示。这样，场景中的液体显示看起来会更加清楚，如图6-24所示。

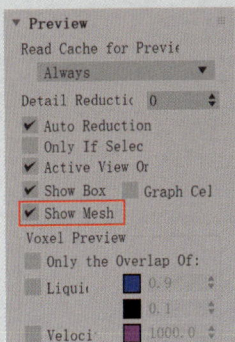

图 6-23

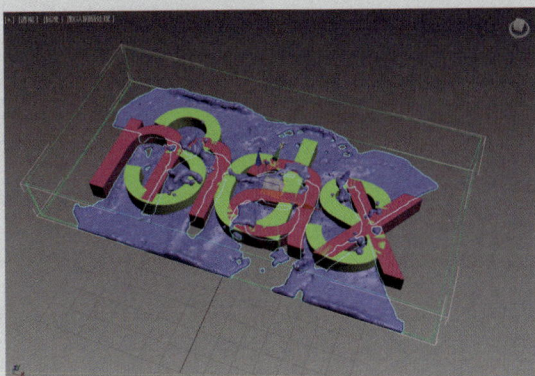

图 6-24

步骤9：在Dynamics（动力学）卷展栏中，取消勾选Motion Inertia（运动惯性）和Gravity（重力）复选框，如图6-25所示。

101

步骤10：在Scene Interaction（场景交互）卷展栏中，单击Add（添加）按钮，将场景中的红色文字模型添加进来，如图6-26所示。这样，液体将不会与红色的文字模型产生碰撞计算。

步骤11：在Simulation（模拟）卷展栏中，单击Start（开始）按钮，重新开始进行液体模拟计算。计算完成后，就会得到一个比较稳定的液体文字效果了，如图6-27所示。

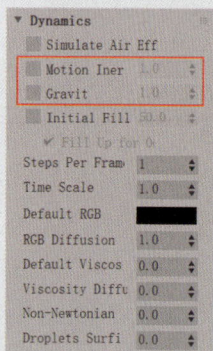

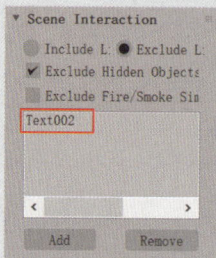

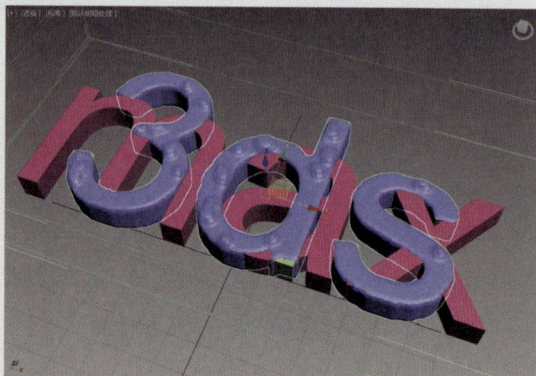

图 6-25　　　　　　图 6-26　　　　　　　　　图 6-27

6.4　使用BodyForce制作液体文字变形

步骤1：在"创建"面板中，单击BodyForce（物体力）按钮，如图6-28所示。

步骤2：在场景中任意位置处创建一个物体力对象，如图6-29所示。

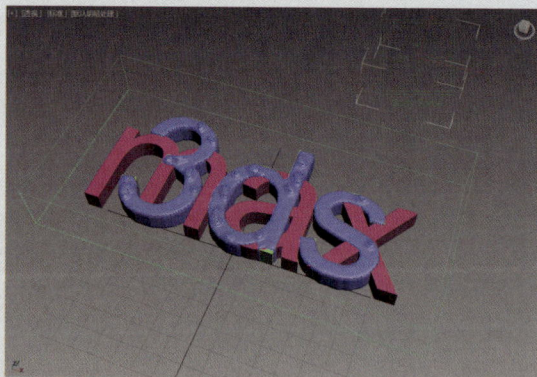

图 6-28　　　　　　　　　　　图 6-29

步骤3：在"修改"面板中，单击Body（物体）后面的"无"按钮，如图6-30所示。拾取场景中的红色文字模型后，Body（物体）后面按钮的名称会发生改变，如图6-31所示。

步骤4：在Simulation（模拟）卷展栏中，单击Start（开始）按钮，重新开始进行液体模拟计算。计算完成后，隐藏场景中的文字模型，液体文字的变形效果如图6-32~图6-35所示。

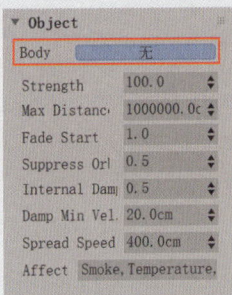
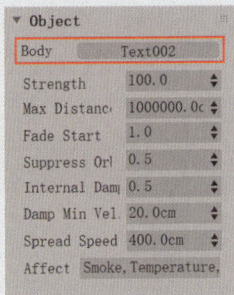

图 6-30　　　　　　　　　　图 6-31

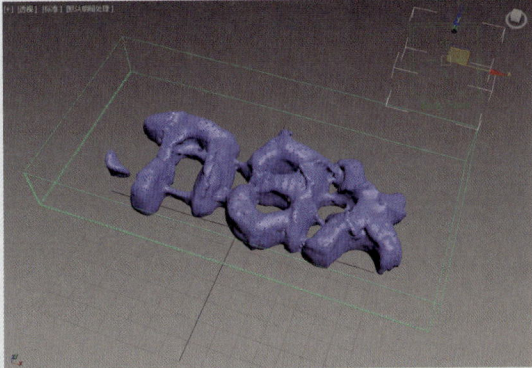

图 6-32　　　　　　　　　　图 6-33

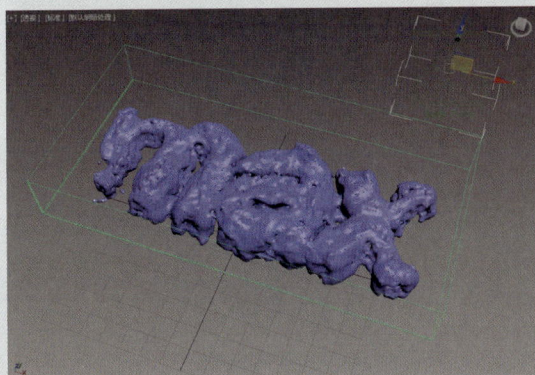
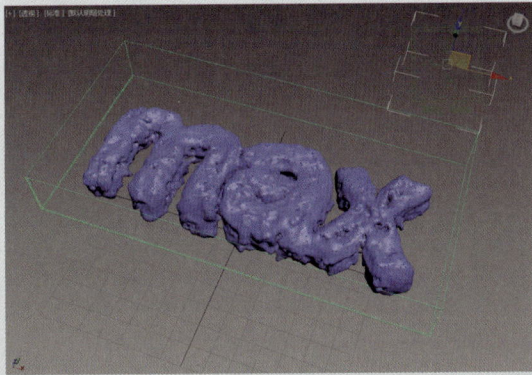

图 6-34　　　　　　　　　　图 6-35

步骤5：在3ds Max软件界面的右下方，单击"时间配置"按钮，如图6-36所示。

步骤6：在打开的"时间配置"对话框中，设置场景中的时间长度为150帧，设置完成后，单击"确定"按钮关闭该对话框，如图6-37所示。

步骤7：选择物体力对象，在"修改"面板中，设置Strength（强度）为300，如图6-38所示。

步骤8：选择液体模拟器，在Simulation（模拟）卷展栏中，单击Start（开始）按钮，重新开始进行液体模拟计算。计算完成后，液体文字的变形效果如图6-39~图6-42所示。

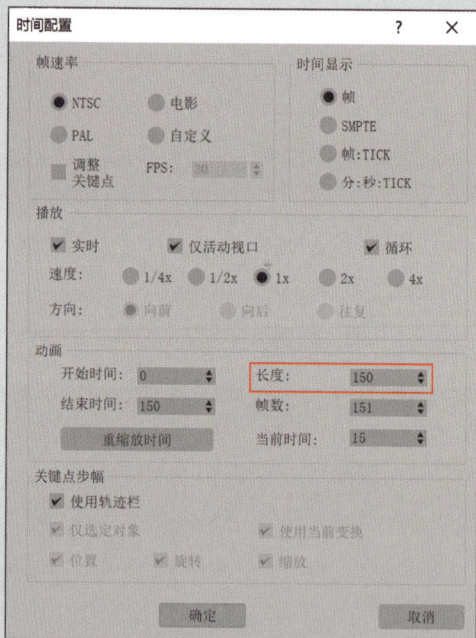

时间配置 dialog

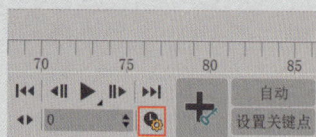

图 6-36

图 6-37

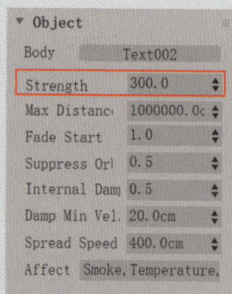

图 6-38

图 6-39

图 6-40

图 6-41

图 6-42

　　计算液体模拟动画时，场景中的文字模型不能处于隐藏状态，必须显示出来才能参与液体变形动画计算。

　　步骤9： 从之前的液体模型结果上看，液体最终形成文字模型后，表面显得不太平整。选择液体模拟器，在Dynamics（动力学）卷展栏中，设置Surface Tension（表面张力）组内的Strength（强度）为0.7，如图6-43所示。

　　步骤10： 在Simulation（模拟）卷展栏中，单击Start（开始）按钮，重新开始进行液体模拟计算。计算完成后，液体文字的变形效果如图6-44~图6-47所示。

　　步骤11： 在Rendering（渲染）卷展栏中，设置Smoothness（平滑）为3，如图6-48所示，此时可以得到更加平滑的液体文字效果，如图6-49所示为该值是0和3的液体文字效果对比。

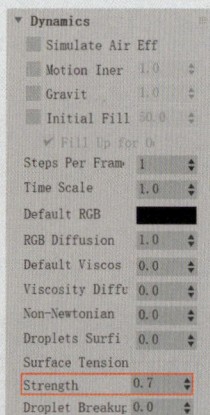

图 6-43

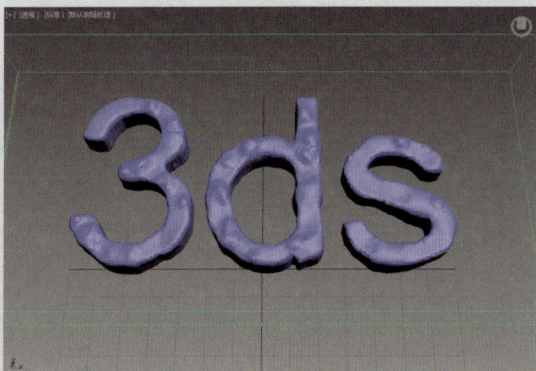

图 6-44

图 6-45

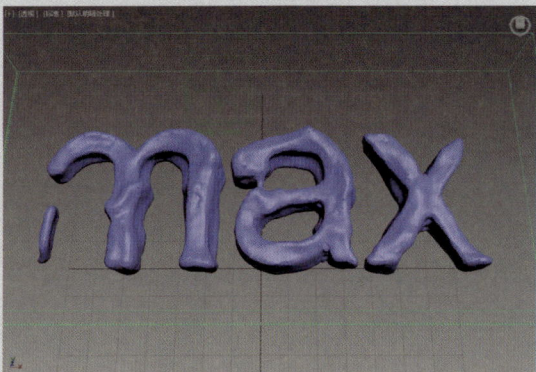

图 6-46

图 6-47

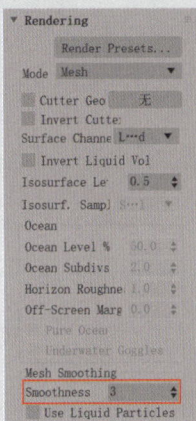

图 6-48

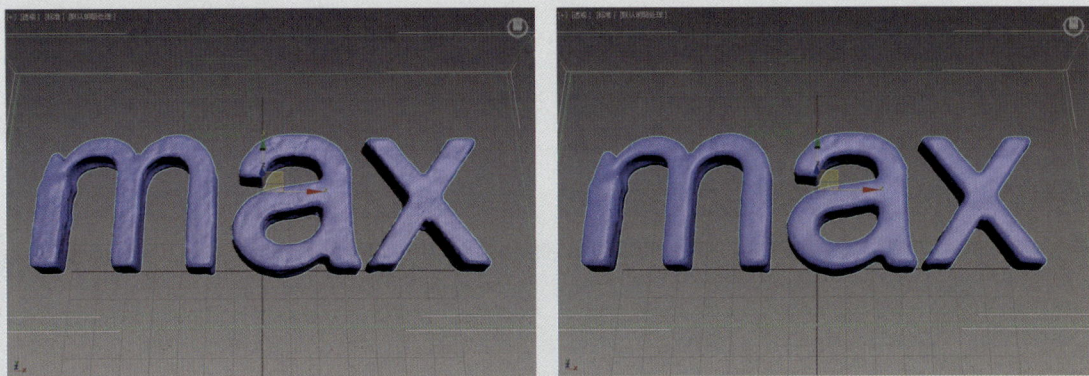

图 6-49

6.5 材质及灯光设置

步骤1：在"创建"面板中，单击"平面"按钮，如图6-50所示。在场景中创建一个平面模型，如图6-51所示。

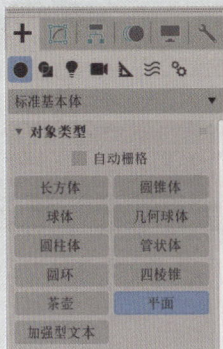

图 6-50

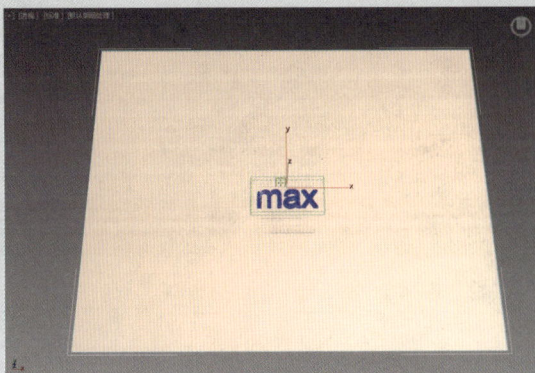

图 6-51

步骤2：按M键在弹出的"材质编辑器"面板中，选择一个空白的"物理材质"球，重命名为"地面"并指定给平面模型。在"基本参数"卷展栏中，设置"粗糙度"为0.9，如图6-52所示。

步骤3：在"材质编辑器"面板中，选择第二个空白的"物理材质"球，重命名为"水银"并指定给液体模拟器，如图6-53所示。

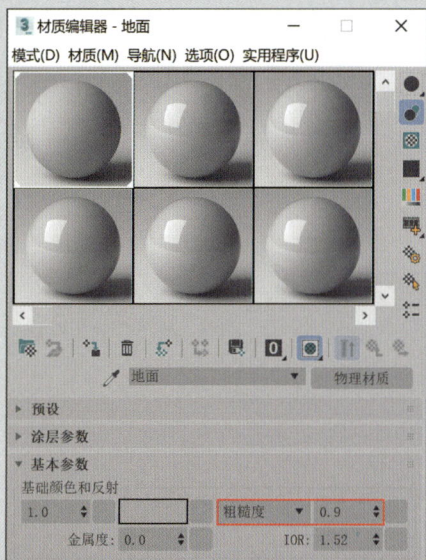

图 6-52

图 6-53

步骤4：在"创建"面板中，将灯光的下拉列表切换至VRay，单击VRaySun（VRay太阳）按钮，如图6-54所示。

步骤5：在"前"视图中创建一个VRay太阳灯光，如图6-55所示，创建时，系统会自动弹出V-RaySun对话框，如图6-56所示，单击"是"按钮，完成灯光的创建。

图 6-54

图 6-55

步骤6：在"顶"视图中，调整VRay太阳灯光至如图6-57所示。

步骤7：在"创建"面板中，将摄影机的下拉列表切换至VRay，单击VRayPhysicalCamera（VRay物理摄影机）按钮，如图6-58所示。在"顶"视图中创建一个VRay物理摄影机，如图6-59所示。

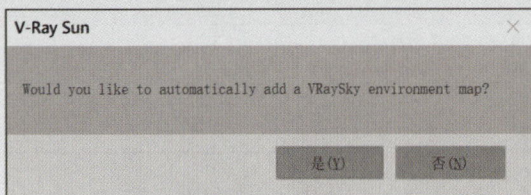

图 6-56

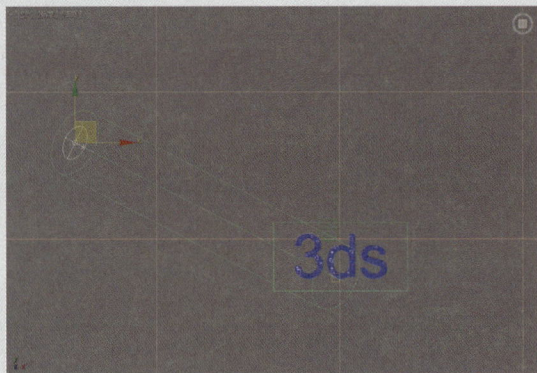

图 6-57

图 6-58

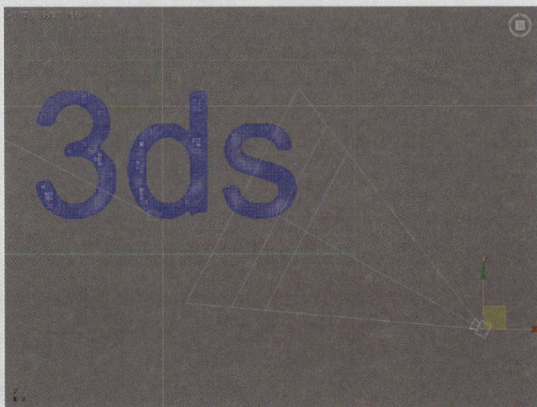

图 6-59

步骤8：在"透视"视图中调整完成角度后，选择VRay物理摄影机，使用组合键Ctrl+C，即可将VRay物理摄影机的角度设置到"透视"视图的观察角度上，如图6-60所示。

步骤9：使用组合键Shift+F，显示"安全框"，确保液体文字动画在VRay物理摄影机的拍摄范围内，如图6-61所示。

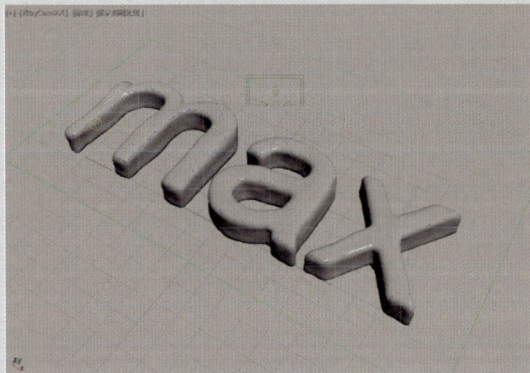

图 6-60

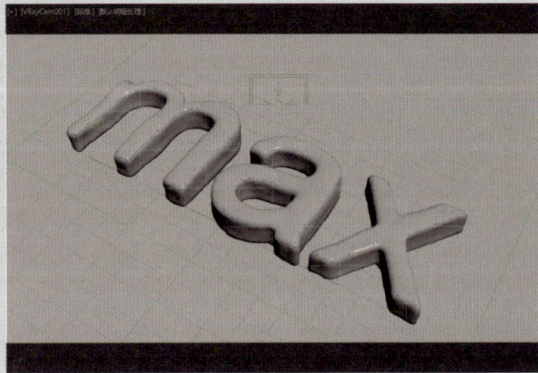

图 6-61

渲染王3ds Max三维特效动画技术（第2版）

6.6　渲染输出

步骤1：打开"渲染设置"面板，可以看到场景已经预先设置了使用VRay渲染器来渲染场景，如图6-62所示。

步骤2：在V-Ray选项卡中，展开Image sampler（Antialiasing）（图像采样（抗锯齿））卷展栏，设置Type（类型）为Bucket（渲染块），如图6-63所示。

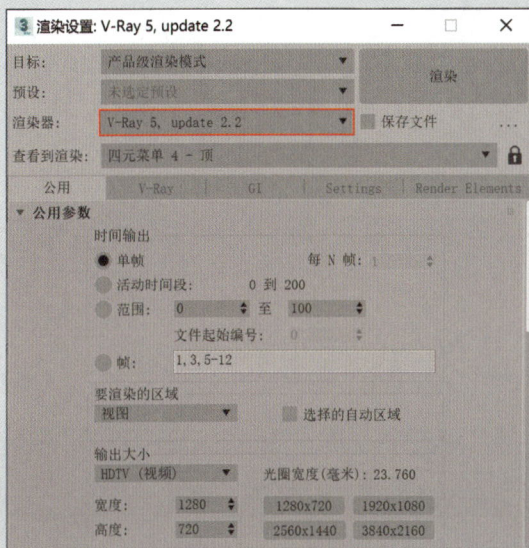

图　6-62

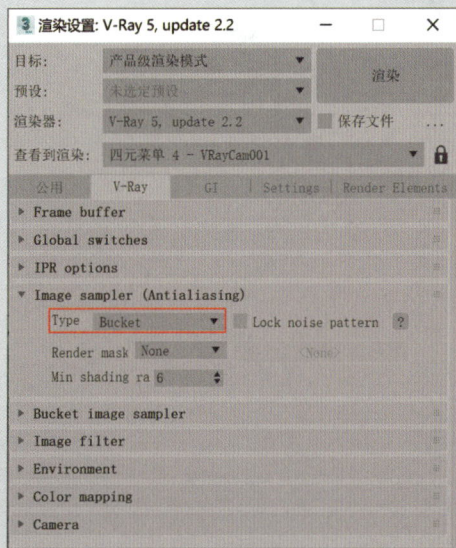

图　6-63

步骤3：设置完成后，渲染场景，渲染结果如图6-64所示。

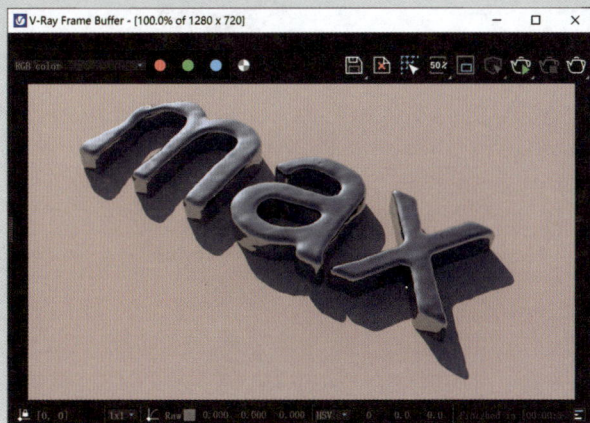

图　6-64

◎技巧与提示·◦

　　学习完本章的动画内容，读者可以举一反三，尝试制作液体文字变形为一个立体标志，或者一滩水银变形为一个角色等特效动画。

第7章

连续爆炸特效动画技术

7.1 效果展示

本章讲解如何在3ds Max中制作一个连续爆炸的动画特效，需要注意的是，制作这一特效需要使用到Chaosgroup公司生产的Phoenix FD火凤凰插件及VRay渲染器。

本章的特效动画最终渲染效果如图7-1所示。

图 7-1

7.2 使用PHXSource制作爆炸发射装置

步骤1：启动中文版3ds Max 2022软件，在制作爆炸特效之前，需要将场景中的单位设置完成，由于是模拟场景爆炸，而不是小的火苗燃烧，所以场景中的单位设置需要大一些。执行菜单栏"自定义"|"单位设置"命令，如图7-2所示。

步骤2：在弹出的"单位设置"对话框中，将"显示单位比例"设置为"米"，如图7-3所示。

步骤3：单击"单位设置"对话框中的"系统单位设置"按钮，在弹出的"系统单位设置"对话框中设置1单位=1米，如图7-4所示。

步骤4：在"创建"面板中，单击"球体"按钮，如图7-5所示，在场景中创建一个球体模型。

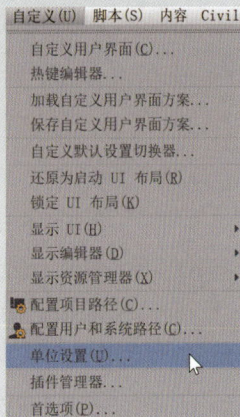

图 7-2

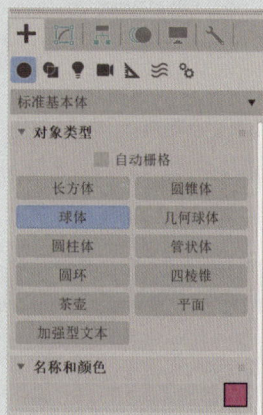

图 7-3	图 7-4	图 7-5

步骤5：在"修改"面板中，设置"半径"为1m，如图7-6所示。

步骤6：在"创建"面板中，单击PHXSource（PHX源）按钮，如图7-7所示。

步骤7：在场景中创建一个PHX源图标，如图7-8所示。

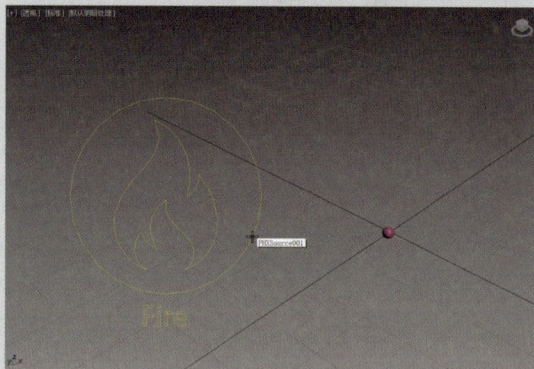

图 7-6	图 7-7	图 7-8

步骤8：在"修改"面板中，展开General（常规）卷展栏，单击Add（添加）按钮，将场景中的球体添加至Emitter Nodes（发射节点）下方的对象列表里，设置Emit Mode（发射模式）为Volume Inject（体积注入），如图7-9所示。同时，系统会自动弹出Chaos Phoenix对话框，单击Yes按钮关闭该对话框，如图7-10所示。

步骤9：在本实例中所要制作的爆炸设置在场景中的第30帧以后发射，所以在第0帧先设置Inject Power（注入强度）的值为0，如图7-11所示。

步骤10：按N键开启"自动关键点"模式，在第31帧上设置Inject Power（注入强度）的值为3000，如图7-12所示。

步骤11：将第0帧上的关键帧移动至第30帧位置处，如图7-13所示。

步骤12：在第40帧位置处，设置Inject Power（注入强度）的值为0，如图7-14所示。

渲染王3ds Max三维特效动画技术（第2版）

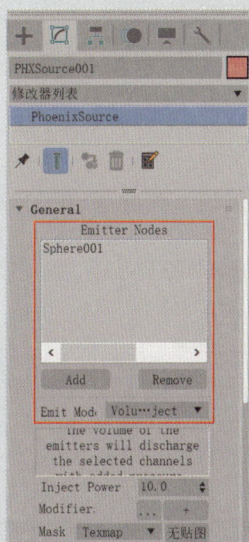

图 7-9

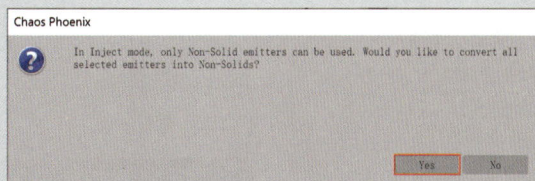

图 7-10

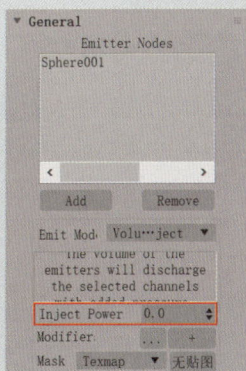

图 7-11

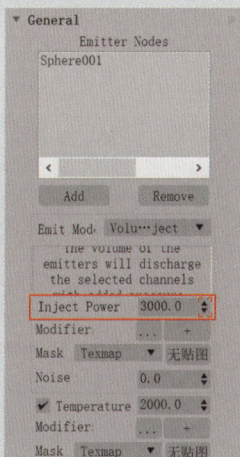

图 7-12

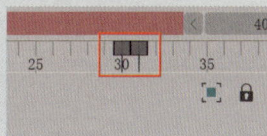

图 7-13

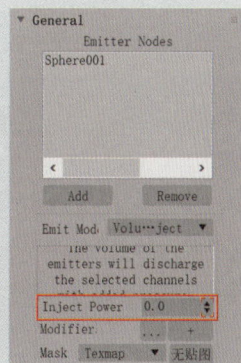

图 7-14

步骤13：再次按N键关闭"自动关键点"模式，制作完成后的关键帧动画如图7-15所示。

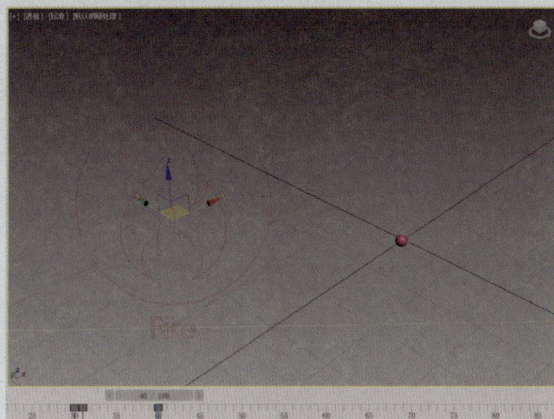

图 7-15

这样，一个爆炸的基本发射装置就设置完成了。

7.3 使用FireSmokeSim模拟爆炸效果

步骤1：在"创建"面板中，单击VRayPlane（VRay平面）按钮，如图7-16所示。在场景中创建一个VRay平面图标，如图7-17所示。

图 7-16

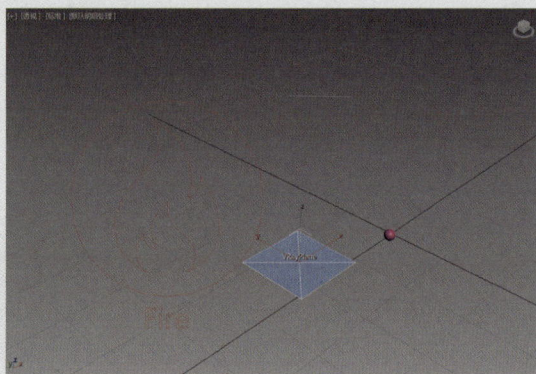

图 7-17

步骤2：在"修改"面板中，单击"取色器"按钮，如图7-18所示。在弹出的"对象颜色"对话框中设置VRay平面的颜色为灰色，如图7-19所示。

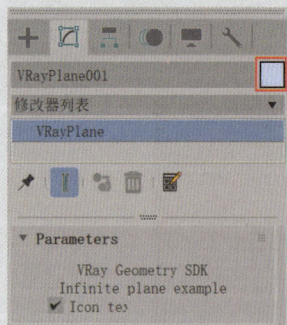

图 7-18

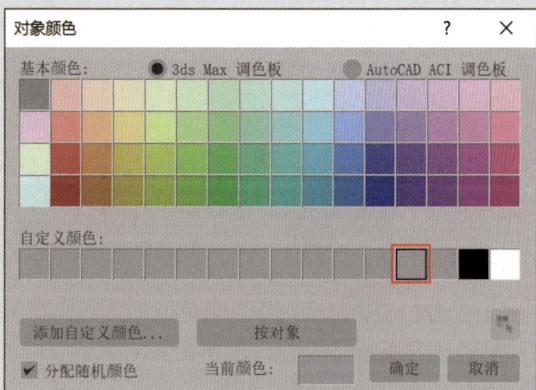

图 7-19

步骤3：在"创建"面板中，单击FireSmokeSim（火烟雾模拟）按钮，如图7-20所示。

步骤4：在场景中创建一个火烟雾模拟器，如图7-21所示。

图 7-20

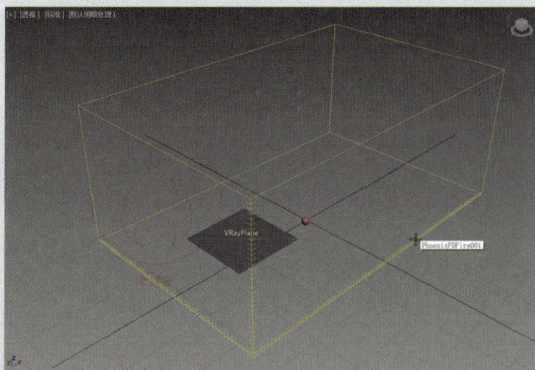

图 7-21

步骤5：在"修改"面板中，展开Grid（栅格）卷展栏，设置Cell Si（单元格大小）的值为0.125m，设置X、Y和Z的值分别为400、400和300，这样，Total Cel（总计单元格）的值显示为48 000 000，如图7-22所示。

步骤6：设置完成后，将流体模拟器的位置调整至如图7-23所示位置处。

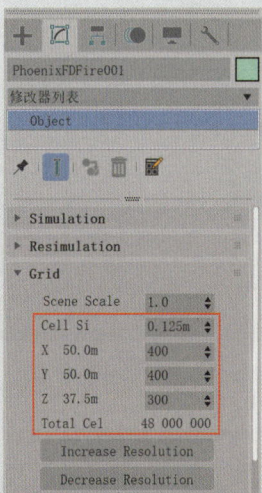

图 7-22

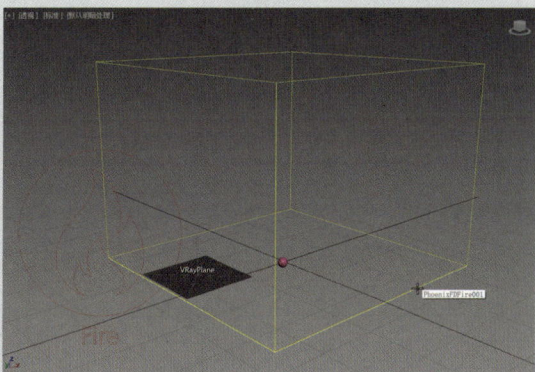

图 7-23

步骤7：展开Dynamics（动力学）卷展栏，设置Fluidity（Conservation）（流动（守恒））组内的Quality（质量）为20，提高爆炸动画模拟所产生的烟雾形态质量，如图7-24所示。

步骤8：展开Simulation（模拟）卷展栏，由于本实例的动画是从第30帧开始设置爆炸，所以取消勾选Start Frame（起始帧）组内的Timeline（时间线）选项，并设置Start Frame（起始帧）的值为30，然后单击Start（开始）按钮，进行爆炸动画的模拟计算，如图7-25所示。

步骤9：先计算10帧的爆炸动画效果，如图7-26所示，此时可以看到球体上已经产生了一些点状的爆炸形态效果，但是看起来球体只有一半的模型产生了爆炸效果，这是因为之前创建的球体在默认情况下，只有一半处于火烟雾模拟器之中，如图7-27所示。

步骤10：选择场景中的球体模型，在"修改"面板中，勾选"轴心在底部"选项，如图7-28所示。这样，球体就全部处于整个火烟雾模拟器中了，如图7-29所示。

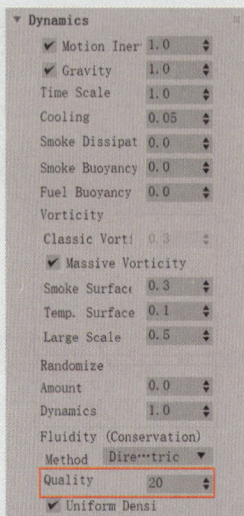

图 7-24

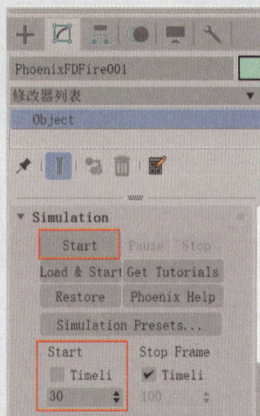

图 7-25

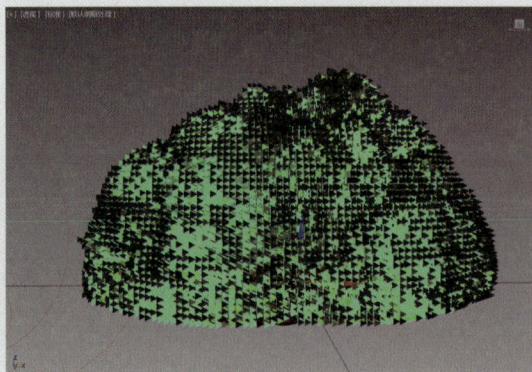

图 7-26

图 7-27

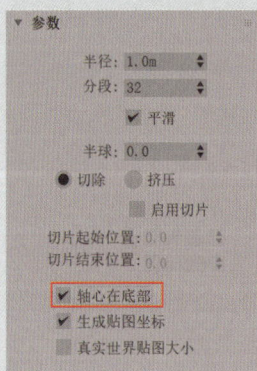

图 7-28

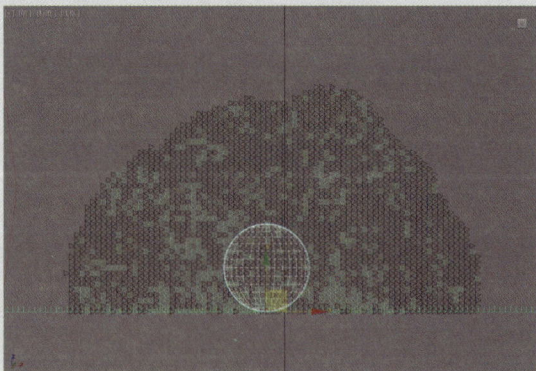

图 7-29

步骤11：设置完成后，在场景中选择火烟雾模拟器，展开Simulation（模拟）卷展栏，单击Start（开始）按钮，重新进行爆炸动画的模拟计算。经过一段时间的模拟计算后，得到的爆炸显示序列效果如图7-30~图7-33所示。

图 7-30

图 7-31

图 7-32

图 7-33

◎技巧与提示·。

　　在默认状态下，爆炸烟雾以三角形状的粒子来进行显示，也可以通过勾选Preview（预览）卷展栏中的Show Mesh（显示网格）选项使其以网格的显示状态来显示模拟出来的烟雾效果，如图7-34和图7-35所示。

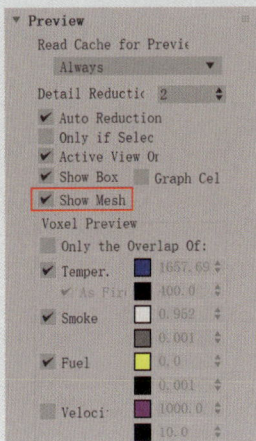

图 7-34

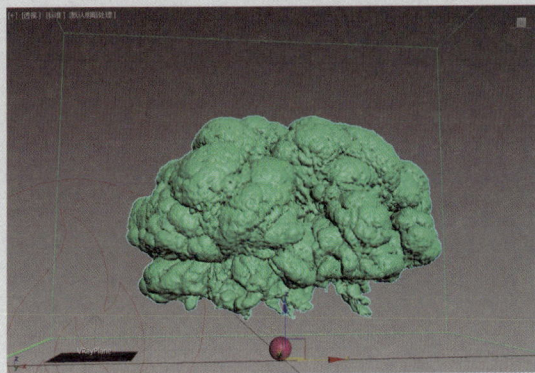

图 7-35

7.4 制作连续爆炸动画

　　步骤1：选择场景中的球体模型，按Shift键，以拖曳的方式复制出2个球体，并随机摆放位置，如图7-36所示。

　　步骤2：选择场景中的PHX源图标，按Shift键，以拖曳的方式复制出2个PHX源图标，并随机摆放位置，如图7-37所示。

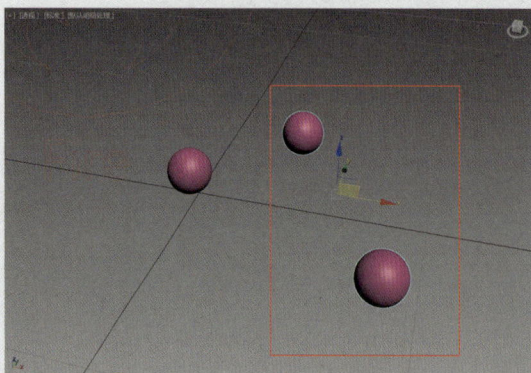

图　7-36

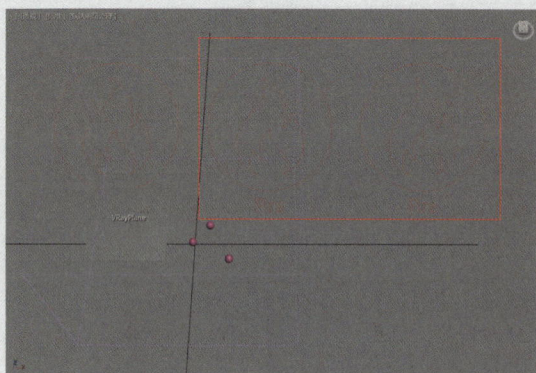

图　7-37

　　步骤3：依次选择场景中新复制出来的PHX源图标，在"修改"面板中，将Emitter Nodes（发射节点）分别对应设置为新复制出来的球体。设置完成后，正好每个PHX源对象都对应拾取一个球体作为新的"发射节点"，并随机调整该PHX源对象的关键帧位置，如图7-38和图7-39所示。

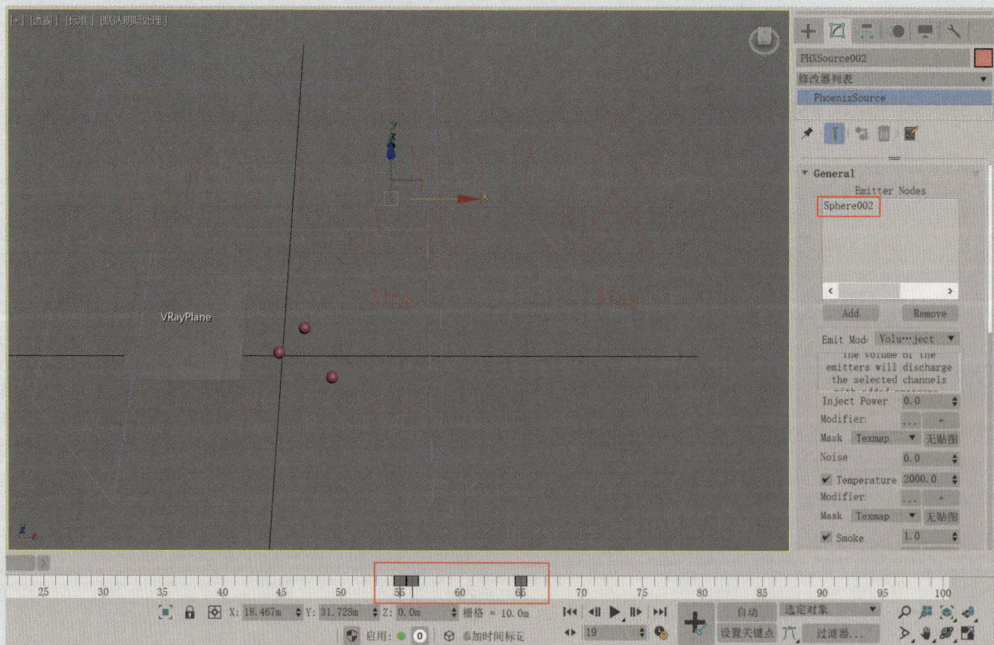

图　7-38

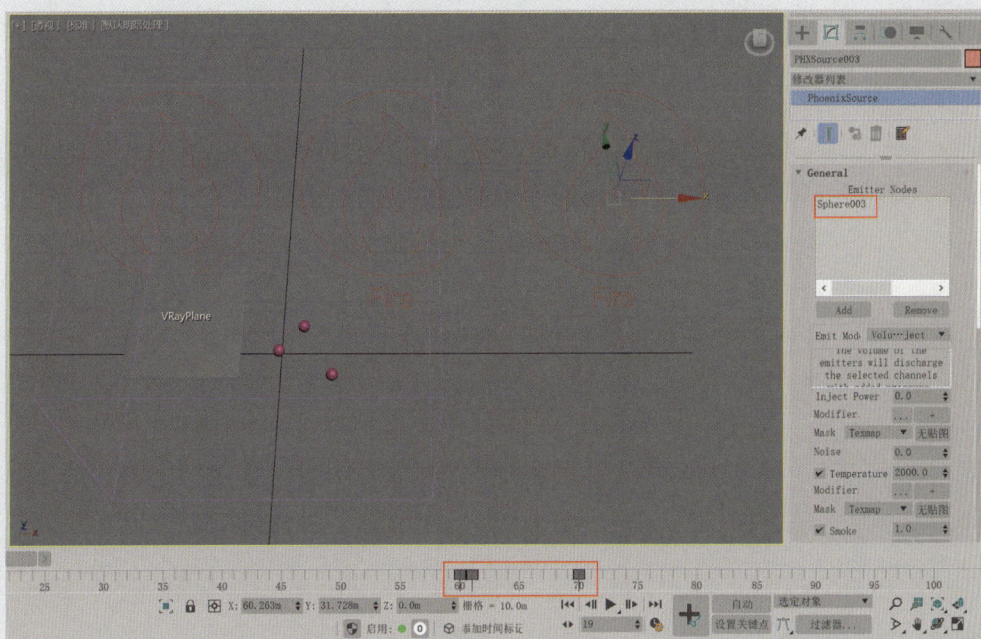

图 7-39

步骤4：设置完成后，在场景中选择火烟雾模拟器，展开Simulation（模拟）卷展栏，单击Start（开始）按钮，重新进行爆炸动画的模拟计算。经过一段时间的模拟计算后，得到的爆炸显示序列效果如图7-40~图7-43所示。

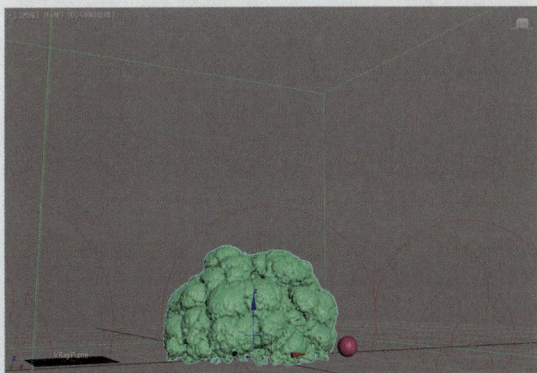

图 7-40

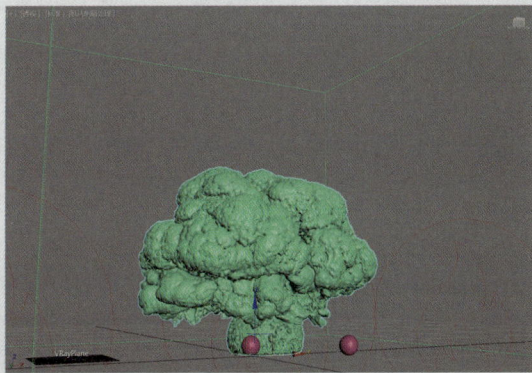

图 7-41

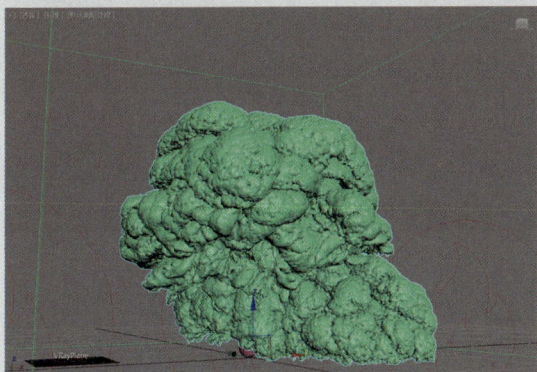

图 7-42

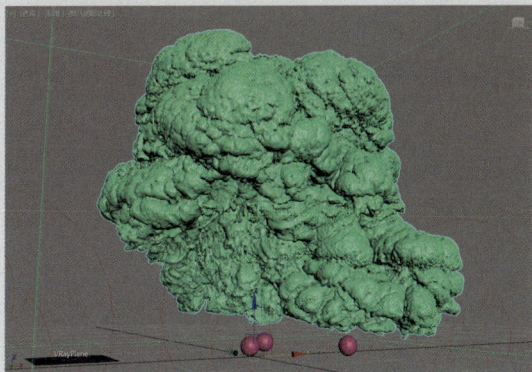

图 7-43

7.5 创建摄影机及灯光

步骤1：在"创建"面板中，单击VRayPhysicalCamera按钮，如图7-44所示。

步骤2：在"顶"视图中创建一个VRay物理摄影机，如图7-45所示。

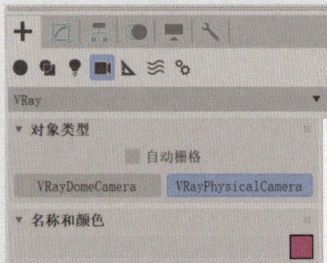

图 7-44

步骤3：按F键，在"前"视图中调整VRay物理摄影机及摄影机目标点的位置至如图7-46所示。

步骤4：按C键进入"摄影机"视图，调整摄影机的拍摄角度至如图7-47所示。

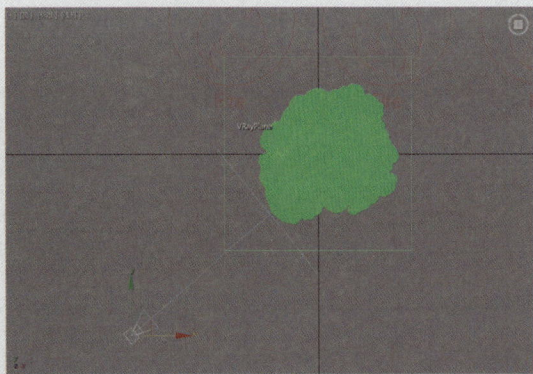

图 7-45

图 7-46

步骤5：使用组合键Shift+F，开启"显示安全框"，最终调整完成后的摄影机角度如图7-48所示。

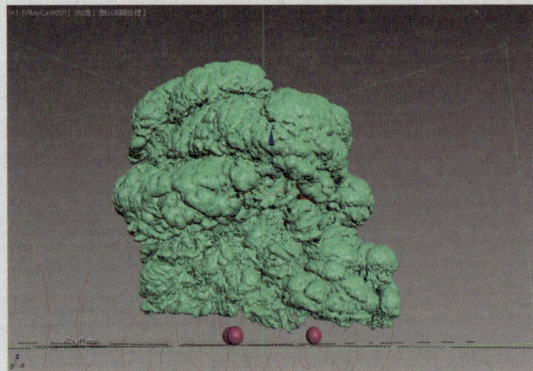

图 7-47

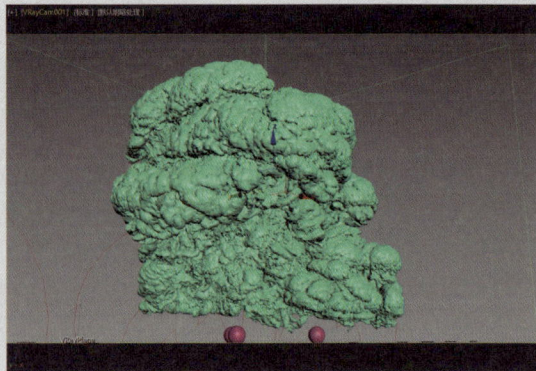

图 7-48

步骤6：设置完成后，将场景中的球体模型隐藏，渲染"摄影机"视图，渲染结果如图7-49所示。

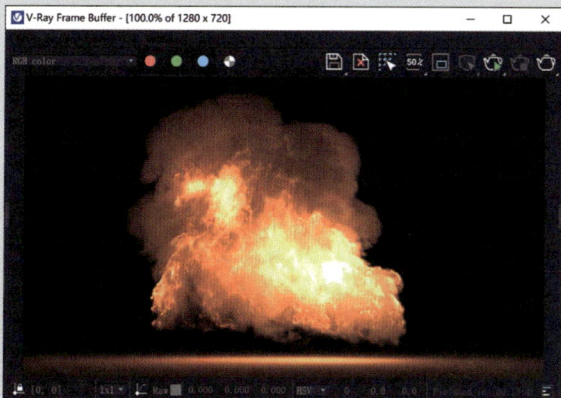

图 7-49

◎技巧与提示·◦

　　使用FireSmokeSim模拟出来的爆炸效果，无需在场景中设置灯光，也可以渲染出正确的烟雾效果。

步骤7：选择火烟雾模拟器。展开Rendering（渲染）卷展栏，单击Volumetric Options（体积选项）按钮，如图7-50所示。

步骤8：在弹出的Chaos Phoenix：Volumetric Render Settings（体积渲染设置）面板中，设置Light Power on Self（自发光）的值为0.7，设置Direct（直接）的值为20；将光标移动至如图7-51所示位置处，右击并执行Add Point（Double Click）（添加点（双击））命令。

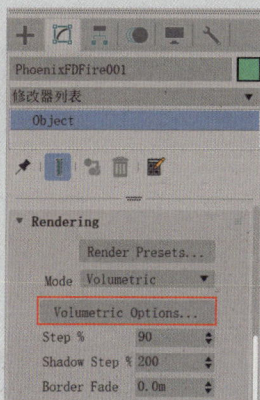

图 7-50

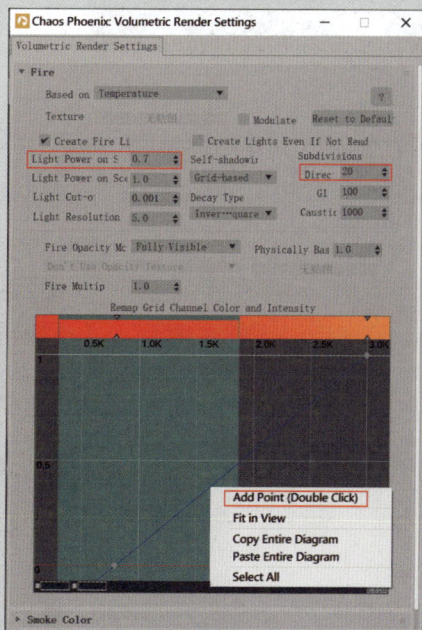

图 7-51

步骤9：调整Remap Grid Channel Color and Intensity的曲线至如图7-52所示。

步骤10：在"创建"面板中，将灯光的下拉列表切换至VRay，单击VRaySun（VRay太阳）按钮，如图7-53所示。

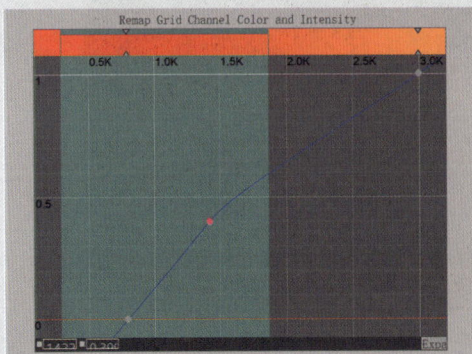

图　7-52

图　7-53

步骤11：在"前"视图中创建一个VRay太阳灯光，如图7-54所示，创建时，系统会自动弹出V-Ray Sun对话框，如图7-55所示，单击"是"按钮，完成灯光的创建。

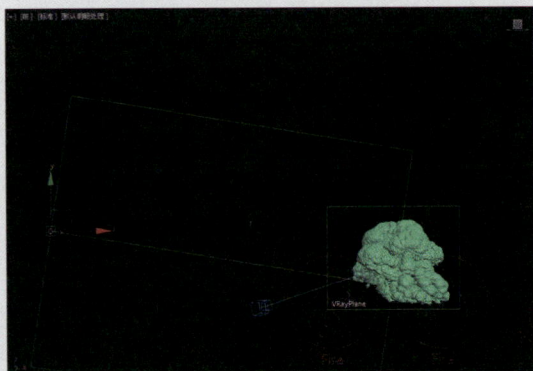

图　7-54

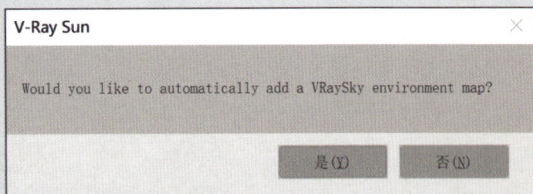

图　7-55

步骤12：在"顶"视图中，调整VRay太阳灯光的位置至如图7-56所示。

步骤13：设置完成后，切换至"摄影机"视图，微调灯光的位置至如图7-57所示。渲染场景，渲染结果如图7-57所示。

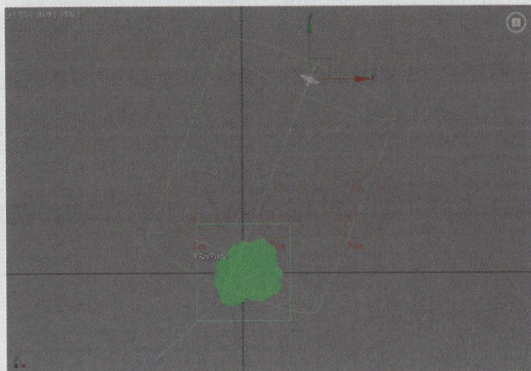

图　7-56

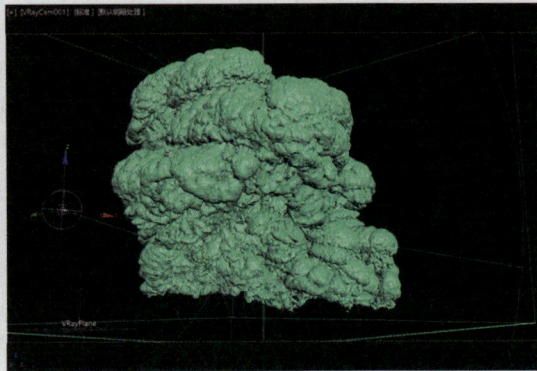

图　7-57

7.6 渲染输出

步骤1：打开"渲染设置"面板，可以看到场景已经预先设置了使用VRay渲染器来渲染场景，如图7-58所示。

步骤2：在V-Ray选项卡中，展开Image sampler（Antialiasing）（图像采样（抗锯齿））卷展栏，设置Type（类型）为Bucket（渲染块）；展开Color mapping（色彩贴图）卷展栏，设置type（类型）为Exponential（指数），使用该选项可以避免渲染结果出现曝光问题，如图7-59所示。

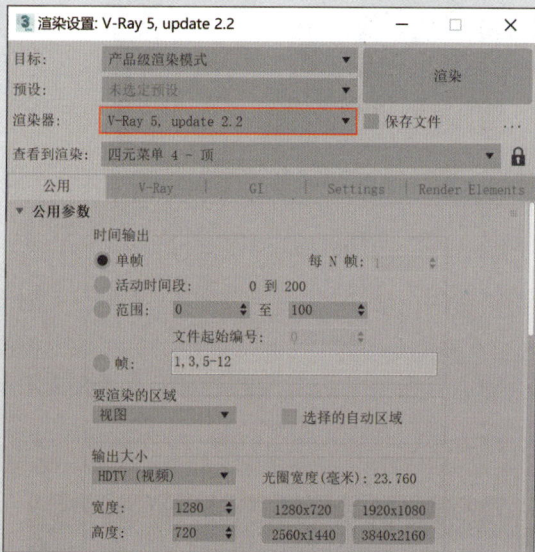

图 7-58

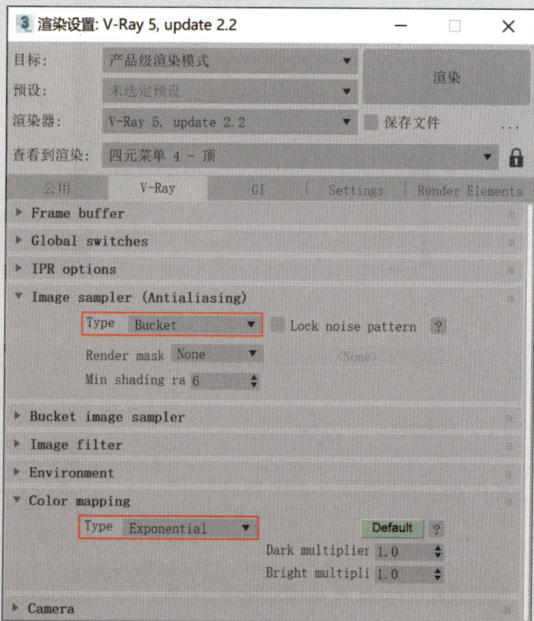

图 7-59

步骤3：设置完成后，渲染场景，渲染结果如图7-60所示。

图 7-60

　　火烟雾模拟器提供了多种渲染预设供特效动画师选择使用，展开Rendering（渲染）卷展栏，单击Render Presets（渲染预设）按钮，则可以弹出这些预设选项，如图7-61所示。

　　将Render Presets（渲染预设）设置为Clouds（云）后，渲染场景，渲染结果如图7-62所示。

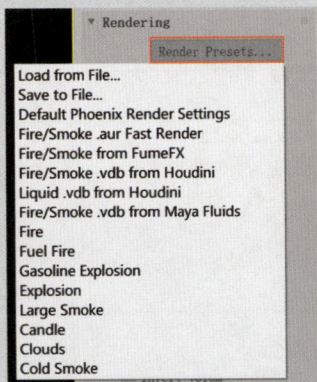

图　7-61

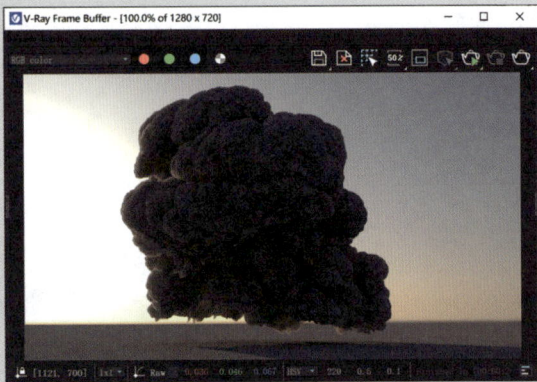

图　7-62

　　将Render Presets（渲染预设）设置为Cold Smoke（冷烟）后，渲染场景，渲染结果如图7-63所示。

　　将Render Presets（渲染预设）设置为Fuel Fire（燃料火焰）后，渲染场景，渲染结果如图7-64所示。

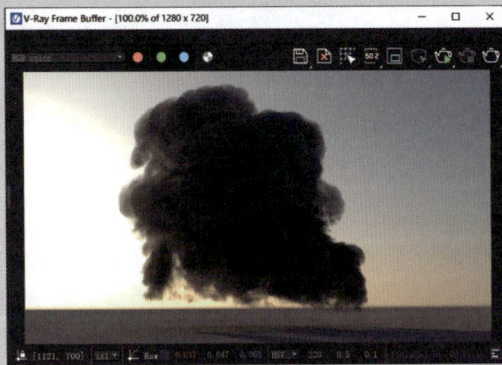

图　7-63

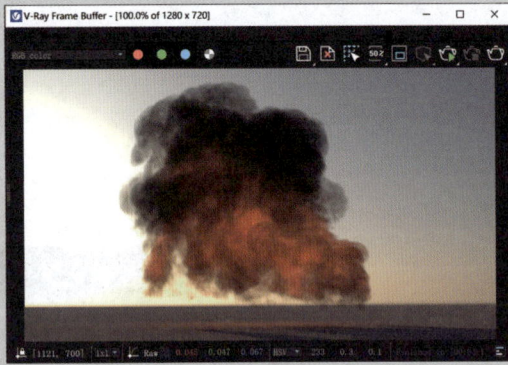

图　7-64

第8章

时间停止特效动画技术

8.1 效果展示

本章讲解如何在3ds Max中制作一个时间停止的动画特效，需要注意的是，制作这一特效需要使用到Chaosgroup公司生产的Phoenix FD火凤凰插件及VRay渲染器。

本章的特效动画最终渲染效果如图8-1所示。

图 8-1

8.2 场景分析

步骤1：启动中文版3ds Max 2022软件，打开场景文件"易拉罐.max"，场景中有3个易拉罐模型，并且已经设置完成灯光及材质，如图8-2所示。

步骤2：执行菜单栏"自定义"|"单位设置"命令，如图8-3所示。

步骤3：在弹出的"单位设置"对话框中，将"显示单位比例"设置为"厘米"，如图8-4所示。

步骤4：单击"单位设置"对话框中的"系统单位设置"按钮，在弹出的"系统单位设置"对话框中设置1单位=1厘米，如图8-5所示。

步骤5：选择场景中的易拉罐模型，在"修改"面板中，观察易拉罐模型的尺寸，可以看到易拉罐模型的尺寸与现实中的易拉罐的大小较为接近，如图8-6所示。

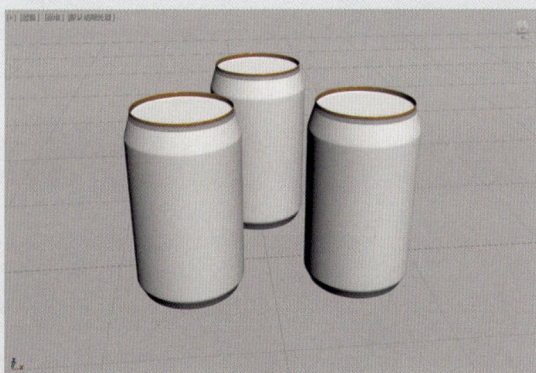

图 8-2

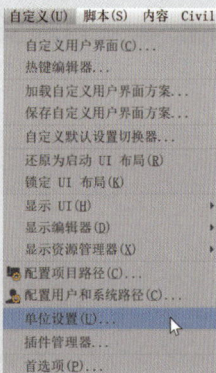

图 8-3

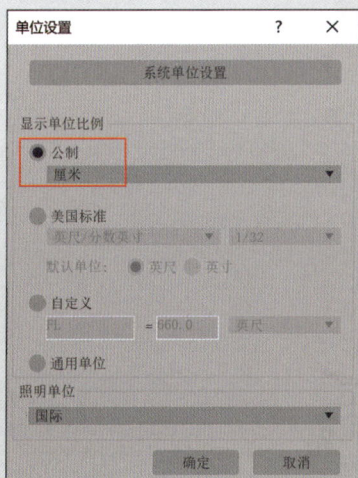

图 8-4

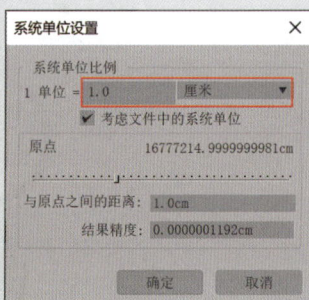

图 8-5

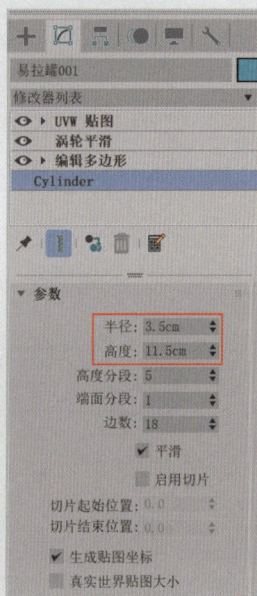

图 8-6

步骤6：在"透视"视图中渲染场景，本实例的渲染结果如图8-7所示。

图 8-7

步骤1：在"创建"面板中，单击"球体"按钮，如图8-8所示。在场景中创建一个球体模型，如图8-9所示。

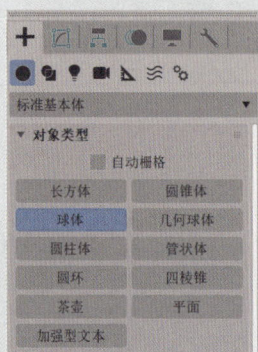

图 8-8

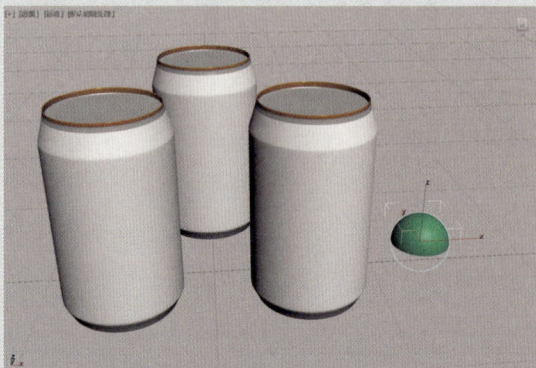

图 8-9

步骤2：在"修改"面板中，调整"半径"为2.5cm，如图8-10所示。

步骤3：在"顶"视图中，调整球体模型的位置至如图8-11所示。

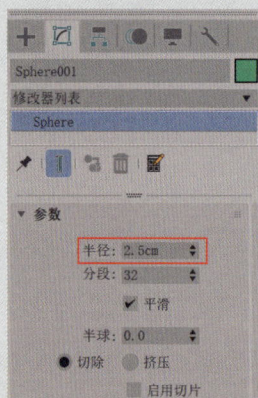

图 8-10

图 8-11

步骤4：在"前"视图中，调整球体模型的位置至如图8-12所示。

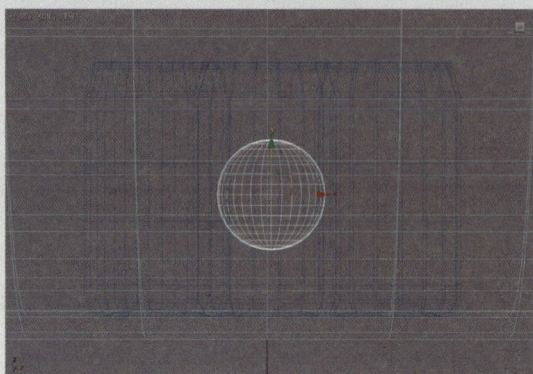

图 8-12

步骤5：在场景中选择几何球体模型，右击并执行Chaos Phoenix Properties（Chaos Phoenix属性）命令，如图8-13所示。

步骤6：在弹出的Phoenix Props for 1 Nodes对话框中，勾选Initial Liquid Fill（初始液体填充）选项，如图8-14所示。

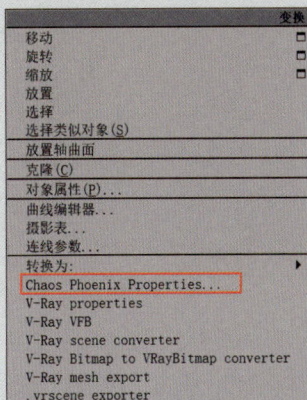

图 8-13

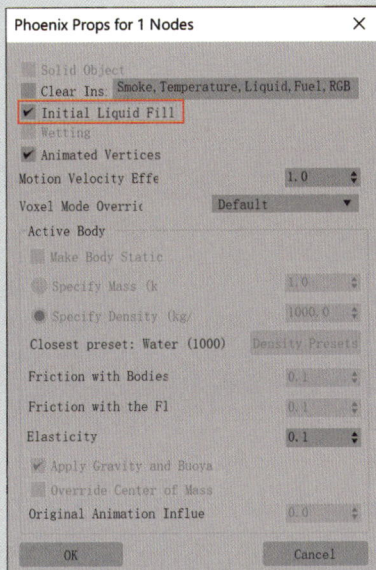

图 8-14

8.4 使用LiquidSim创建液体

步骤1：将"创建"面板的下拉列表切换至PhoenixFD，单击LiquidSim（液体模拟器）按钮，如图8-15所示。在场景中创建一个液体模拟器，如图8-16所示。

图 8-15

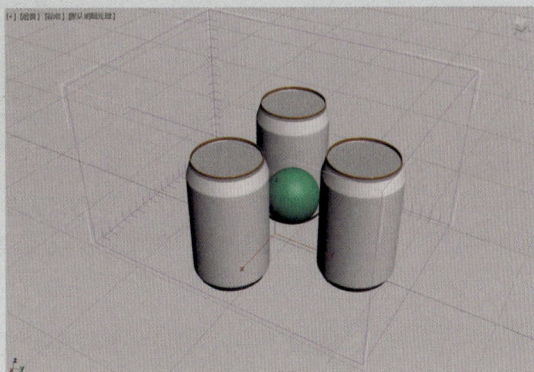

图 8-16

步骤2：在"修改"面板中，展开Grid（栅格）卷展栏，设置X为35，Y为35，Z为30；在Container Walls（容器墙）组内，设置Z为Jammed（−）（阻挡−），如图8-17所示。

步骤3：调整液体模拟器的位置至如图8-18所示位置处。设置完成后，液体模拟器的视图显示效果如图8-19所示。

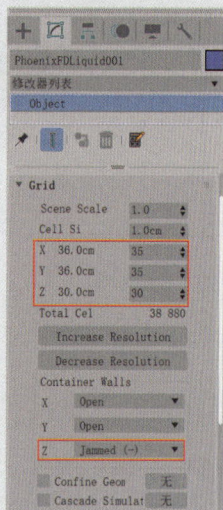

图 8-17

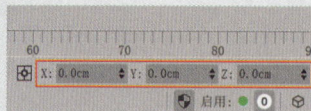

图 8-18

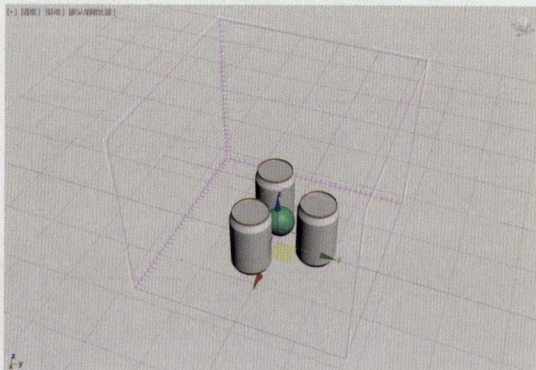

图 8-19

步骤4：在Simulation（模拟）卷展栏中，先取消勾选Stop Frame（停止帧）组中的Timeline（时间线）选项，设置Stop Frame（停止帧）为15，再单击Start（开始）按钮，如图8-20所示。这样就可以先模拟15帧的液体动画效果。

步骤5：模拟完成后，液体的视图显示结果如图8-21所示。仔细观察该结果，可以看到现在有液体从球体模型产生，并受到重力的影响向下方掉落。

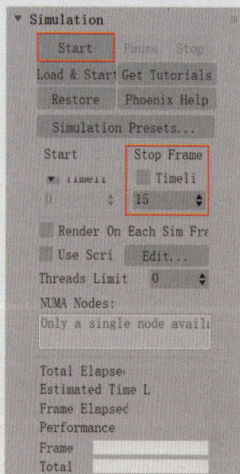

图 8-20

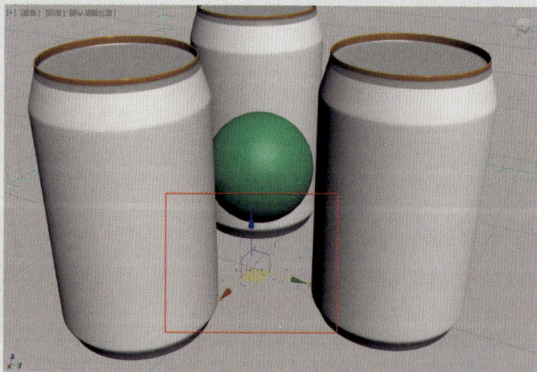

图 8-21

步骤6：在Preview（预览）卷展栏中，勾选Show Mesh（显示网格）选项，如图8-22所示。这样，场景中的液体显示看起来会更加清楚，如图8-23所示。

步骤7：在Dynamics（动力学）卷展栏中，取消勾选Gravity（重力）选项，如图8-24所示。

步骤8：在Grid（栅格）卷展栏中，设置Cell Si（单元格大小）的值为0.5cm，如图8-25所示。

步骤9：在Simulation（模拟）卷展栏中，单击Start（开始）按钮，重新开始进行液体模拟计算。计

渲染王3ds Max三维特效动画技术（第2版）

算完成后，就会得到一个比较稳定的球形液体效果，如图8-26所示。

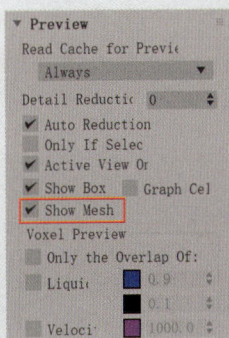

图 8-22

图 8-23

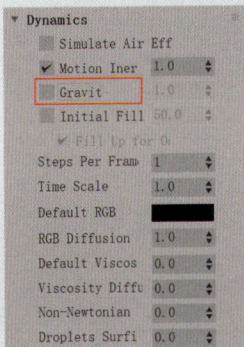

图 8-24

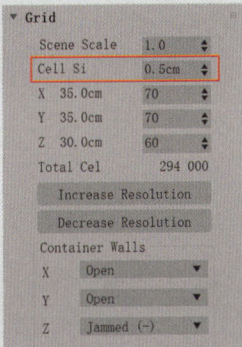

图 8-25

图 8-26

8.5 使用PHXTurbulence制作液体飞溅

步骤1：在"创建"面板中，单击PHXTurbulence（PHX湍流）按钮，如图8-27所示。

步骤2：在场景中任意位置处创建一个PHX湍流，如图8-28所示。

图 8-27

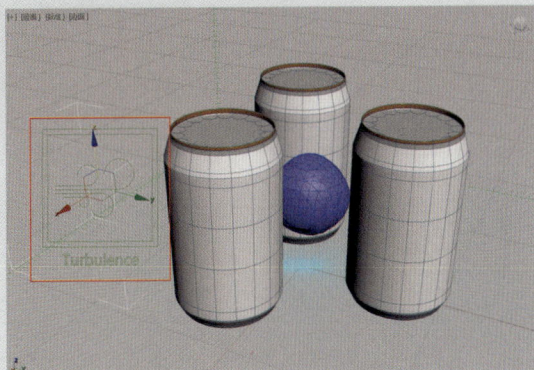

图 8-28

步骤3：在"修改"面板中，设置Strength（强度）为2000，Size（尺寸）为35cm，Fractal Depth（分形深度）为5，如图8-29所示。

步骤4：设置完成后，将PHX湍流对齐到场景中的球体模型上，如图8-30所示。

步骤5：在Simulation（模拟）卷展栏中，单击Start（开始）按钮，重新开始进行液体模拟计算。计算完成后，得到的液体动画效果如图8-31~图8-34所示。

图 8-27

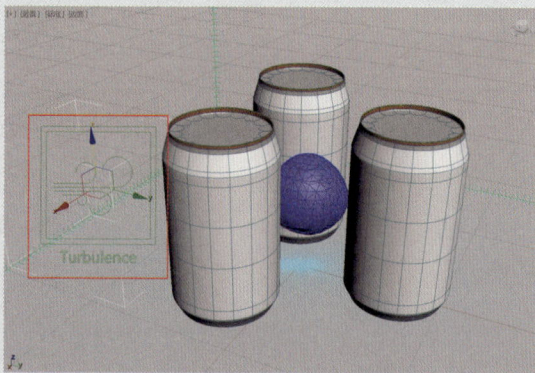

图 8-28

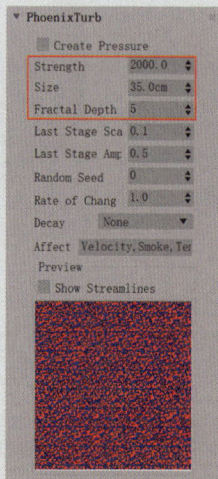

图 8-29

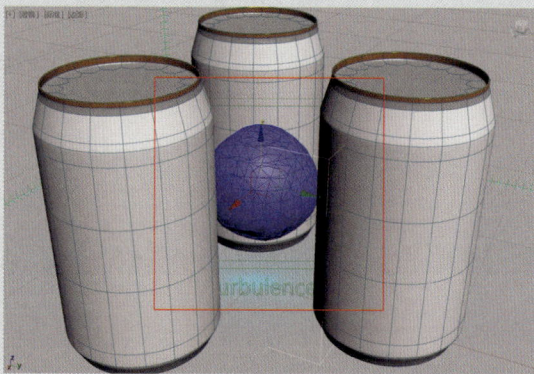

图 8-30

图 8-31

图 8-32

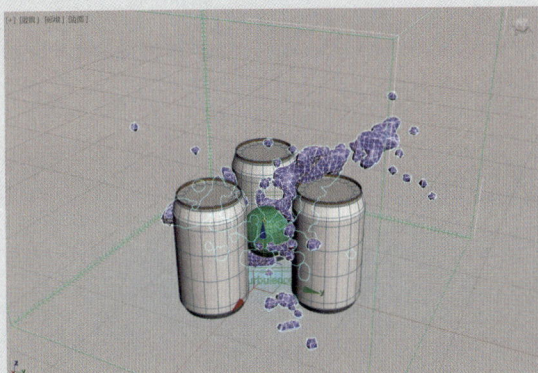

图 8-33

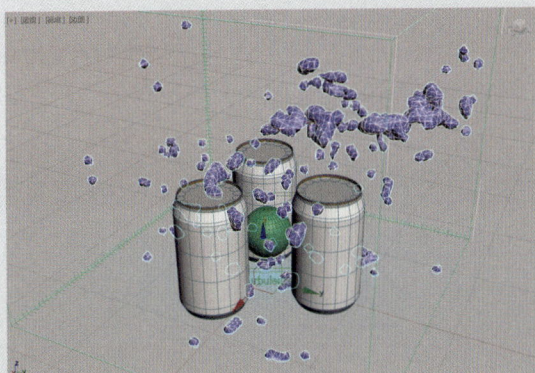

图 8-34

步骤6：从之前的液体模型结果上看来，形成液体的颗粒感较强。选择液体模拟器，在Dynamics（动力学）卷展栏中，设置Surface Tension（表面张力）组内的Strength（强度）为2，如图8-35所示。

步骤7：在Simulation（模拟）卷展栏中，单击Start（开始）按钮，重新开始进行液体模拟计算。计算完成后，观察第8帧的液体效果，如图8-36所示。

步骤8：在较低的单元格数量下模拟完液体动画，并查看无误后，就可以降低Cell Si（单元格大小）的值，进行高精度的液体动画计算了。展开Grid（栅格）卷展栏，设置Cell Si（单元格大小）为0.1cm，观察Total Cel（总计单元格）的数值变化，可以看到Total Cel（总计单元格）的数值明显增加了。

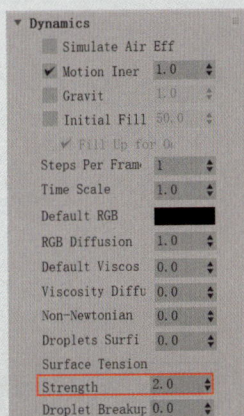

图 8-35

步骤9：在Simulation（模拟）卷展栏中，单击Start（开始）按钮，重新开始进行液体模拟计算。计算完成后，将球体隐藏后，得到的液体动画效果如图8-38~图8-41所示。

步骤10：在本实例中只计算了15帧的液体动画，如果将这其中的一帧液体效果保留下来进行渲染，就可以模拟出时间停止的动画效果了。

步骤11：在Input（输入）卷展栏中，设置Cache Origin（缓存起源）为12，Play Speed（播放速度）为0，如图8-42所示。

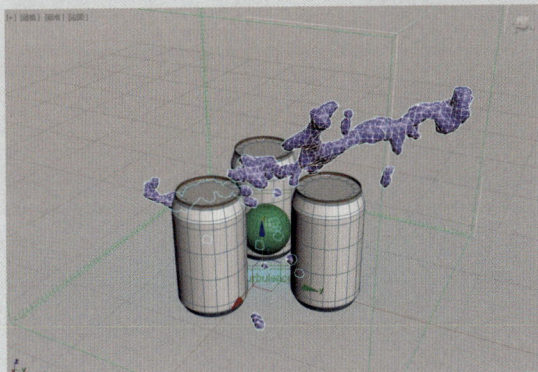

图 8-36

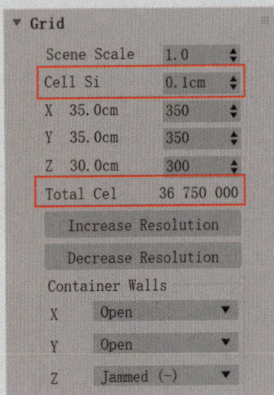

图 8-37

图 8-38

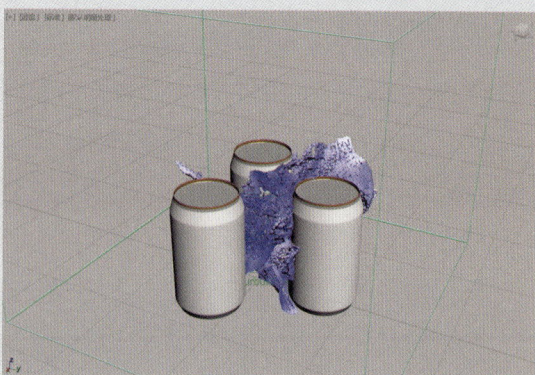

图 8-39

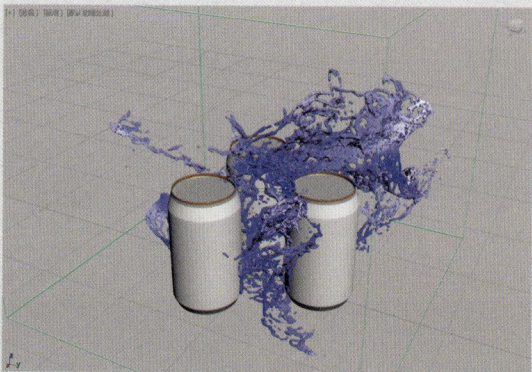

图 8-40

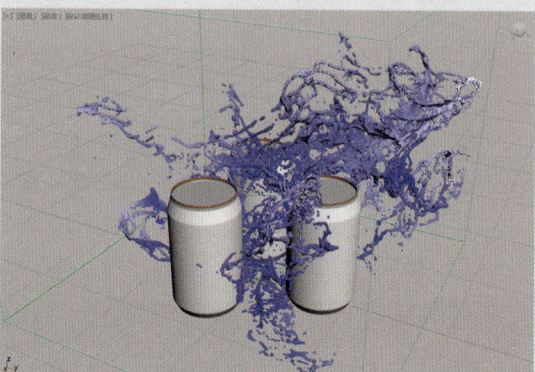

图 8-41

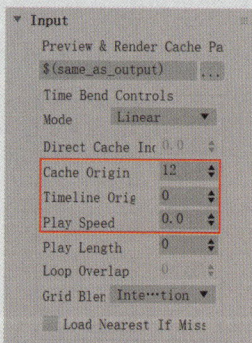

图 8-42

◎技巧与提示 ··◦

如果Cache Origin（缓存起源）为12的话，那么需要先渲染出从第0帧到第11帧的动画。

步骤12：设置完成后，拖动一下"时间滑块"，可以看到液体的形态一直保持着第12帧的动画形态，如图8-43所示。

步骤13：在Rendering（渲染）卷展栏中，设置Smoothness（平滑）为3，如图8-44所示。

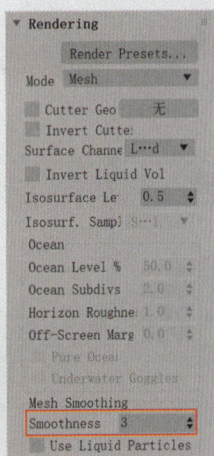

图　8-43　　　　　　　　　　图　8-44

步骤14：这样可以得到更加平滑的液体动画效果，如图8-45所示为该值是0和3的液体显示效果对比。

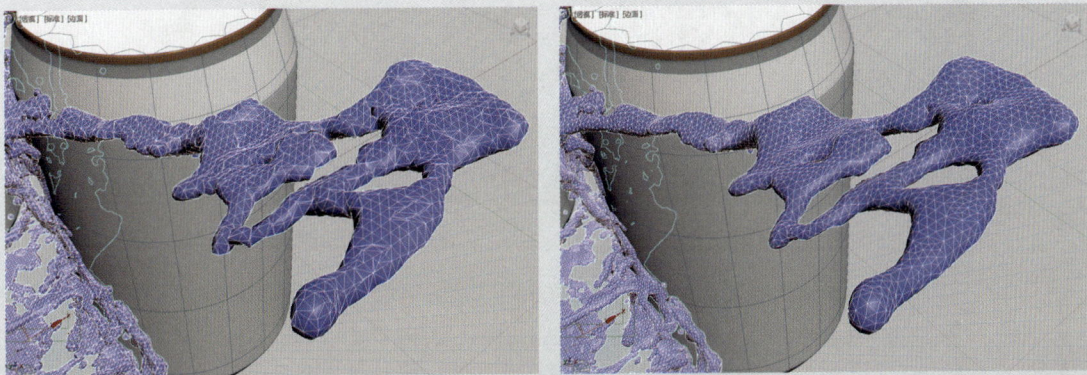

图　8-45

8.6　制作摄影机动画

步骤1：在"透视"视图中调整完成拍摄角度后，使用组合键Ctrl+C，即可在该角度创建一个新的摄影机，如图8-46所示。

步骤2：在"创建"面板中，单击"圆"按钮，如图8-47所示。在场景中创建一个圆形。

步骤3：在"修改"面板中，设置"半径"为40cm，如图8-48所示。

步骤4：将圆形的位置调整到坐标原点位置处，如图8-49所示。

步骤5：选择摄影机，执行菜单栏"动画"|"约束"|"路径约束"命令，如图8-50所示。再单击场景中的圆形，即可将摄影机约束到圆形上。

图 8-46

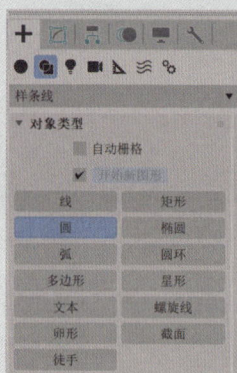

图 8-47

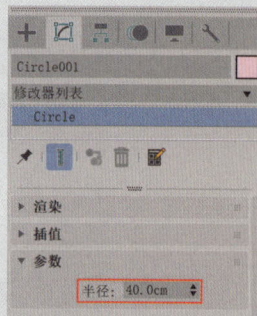

图 8-48

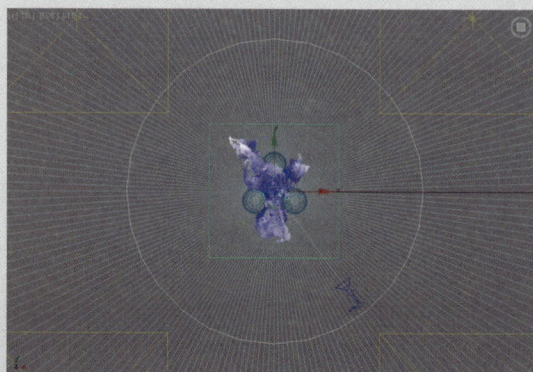

图 8-49

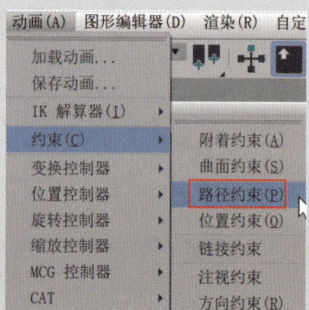

图 8-50

步骤6：在"场景资源管理器"面板中，选择圆形和摄影机目标点，如图8-51所示。

步骤7：在"前"视图中，调整其位置至如图8-52所示。

图 8-51

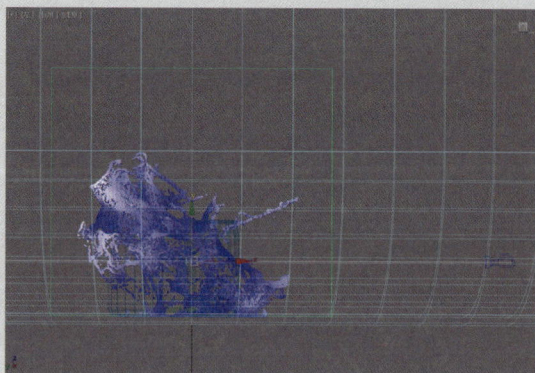

图 8-52

步骤8：按C键进入"摄影机"视图。调整完成后的"摄影机"视图如图8-53所示。

图 8-53

步骤9：调整完成后，播放场景动画，本实例制作完成后的动画效果如图8-54~图8-57所示。

图 8-54

图 8-55

图 8-56

图 8-57

8.7 渲染输出

步骤1：渲染"摄影机"视图，渲染结果如图8-58所示。

图 8-58

步骤2：按M键打开"材质编辑器"面板。选择一个空白的"物理材质"球，重命名为"牛奶"并指定给液体模拟器，如图8-59所示。

步骤3：在"基本参数"卷展栏中，设置"基础颜色"为白色，"粗糙度"为0.2，"次表面散射"为0.3，"散射颜色"为白色，如图8-60所示。

图 8-59

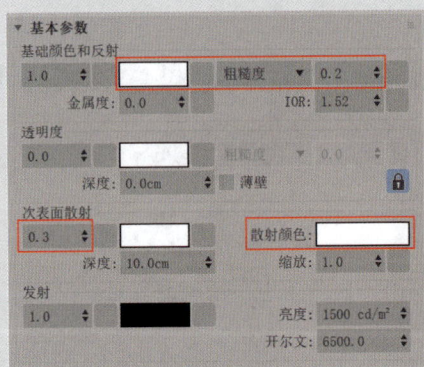

图 8-60

步骤4：制作完成后的牛奶材质球显示结果如图8-61所示。

步骤5：打开"渲染设置"面板，可以看到场景已经预先设置了使用VRay渲染器来渲染场景，如图8-62所示。

步骤6：在V-Ray选项卡中，展开Image sampler（Antialiasing）（图像采样（抗锯齿））卷展栏，设置Type（类型）为Bucket（渲染块），如图8-63所示。

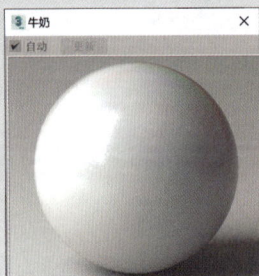

图 8-61

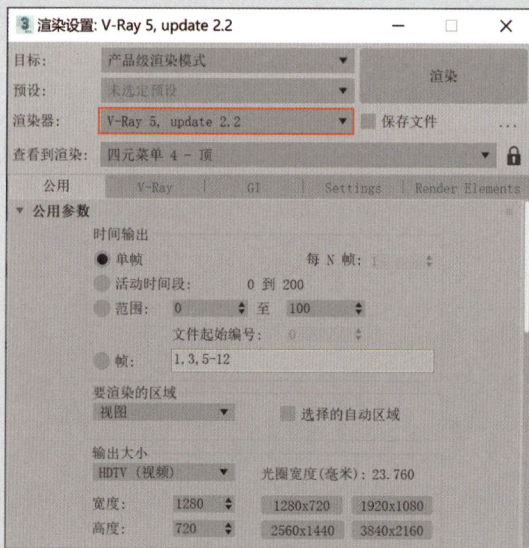

图 8-62

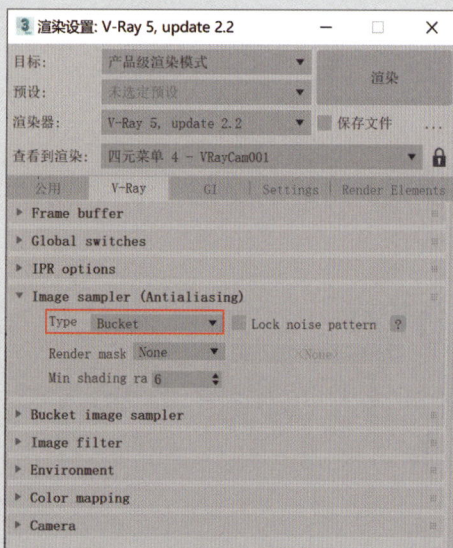

图 8-63

步骤7：设置完成后，再次渲染场景，渲染结果如图8-64所示。

图 8-64

第8章 时间停止特效动画技术

第9章

火焰燃烧特效动画技术

9.1 效果展示

本章为大家讲解如何在3ds Max中制作一个火焰燃烧的动画特效，需要注意的是，制作这一特效需要使用到Chaosgroup公司生产的Phoenix FD火凤凰插件及VRay渲染器。

本章的特效动画最终渲染效果如图9-1所示。

图 9-1

9.2 场景分析

步骤1：启动中文版3ds Max 2022软件，打开场景文件"树干.max"，场景中有1个设置了材质的树干模型，如图9-2所示。

图 9-2

步骤2：执行菜单栏"自定义"|"单位设置"命令，如图9-3所示。

步骤3：在弹出的"单位设置"对话框中，将"显示单位比例"设置为"厘米"，如图9-4所示。

步骤4：单击"单位设置"对话框中的"系统单位设置"按钮，在弹出的"系统单位设置"对话框中设置1单位=1厘米，如图9-5所示。

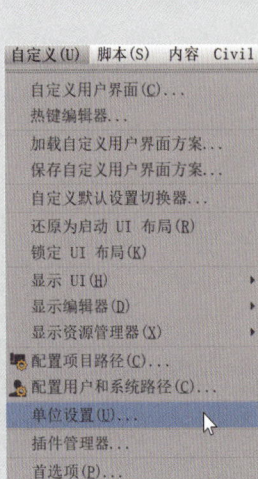

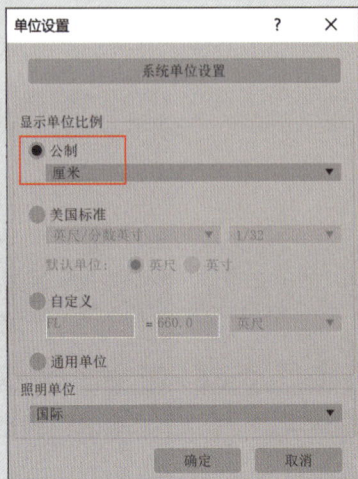

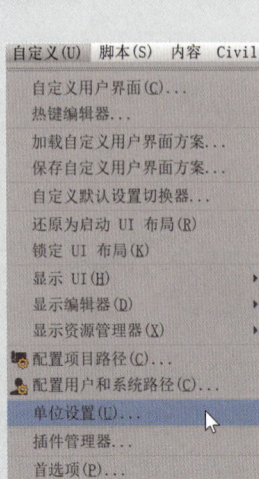

图 9-3　　　　　　　　　图 9-4　　　　　　　　　图 9-5

步骤5：在"创建"面板中单击"卷尺"按钮，如图9-6所示。

步骤6：在"前"视图中测量一下场景中树干模型的长度，如图9-7所示，可以看到树干模型的长度约为258cm，如图9-8所示。

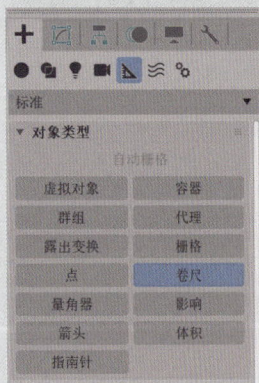

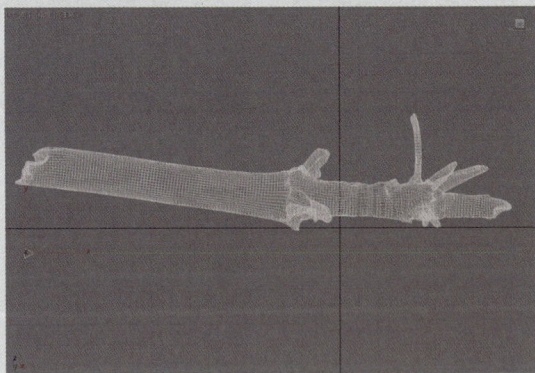

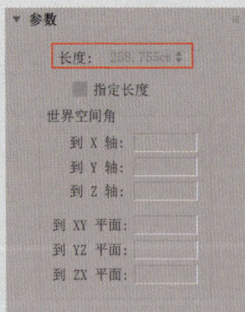

图 9-6　　　　　　　　　图 9-7　　　　　　　　　图 9-8

步骤7：检查完场景模型的尺寸后，接下来就可以进行动画制作了。

9.3　使用FireSmokeSim制作火焰燃烧动画

步骤1：在"创建"面板中，将"几何体"的下拉列表切换至PhoenixFD选项，单击FireSmokeSim（火烟雾模拟器）按钮，如图9-9所示。在场景中创建一个火烟雾模拟器，如图9-10所示。

步骤2：在"修改"面板中，展开Grid（栅格）卷展栏，设置Cell Si（单元格大小）的值为1cm，设置X、Y和Z分别为150、80和100，这样，火烟雾模拟器的Total Cel（总计格单元）的值显示为1 200 000，如图9-11所示。

图 9-9

图 9-10

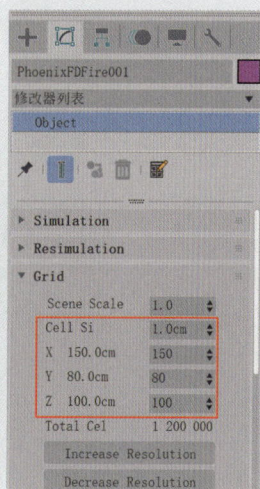

图 9-11

步骤3：调整火烟雾模拟器的坐标位置至如图9-12所示。设置完成后，火烟雾模拟器的视图显示结果如图9-13所示。

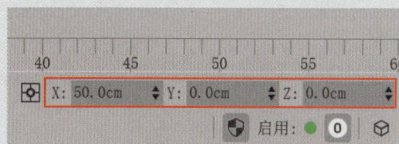

图 9-12

图 9-13

步骤4：在"创建"面板中，将"辅助对象"的下拉列表切换至PhoenixFD选项，单击PHXSource按钮，如图9-14所示。

步骤5：在场景中创建一个图标为火焰形状的PHX源对象，如图9-15所示。

步骤6：在"修改"面板中，展开General（常规）卷展栏，单击Add（添加）按钮，将场景中的树干模型添加至Emitter Nodes（发射节点）下方的对象列表里，如图9-16所示。

步骤7：在场景中选择火烟雾模拟器。展开Dynamics（动力学）卷展栏，设置Fluidity（Conservation）（流动（守恒））组内的Quality（质量）为20，提高燃烧动画的计算质量，如图9-17所示。

步骤8：设置完成后，展开Simulation（模拟）卷展栏，单击Start（开始）按钮，如图9-18所示。

步骤9：计算完成后，火焰燃烧动画的计算结果如图9-19所示。

图 9-14

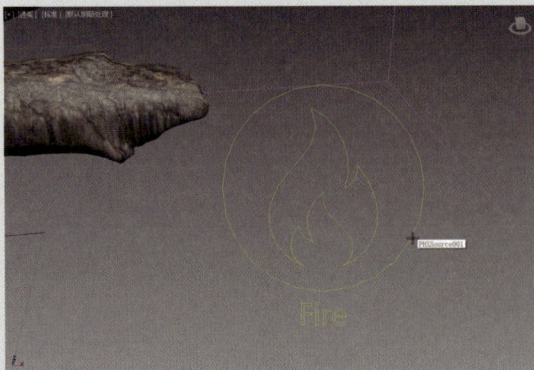

图 9-15

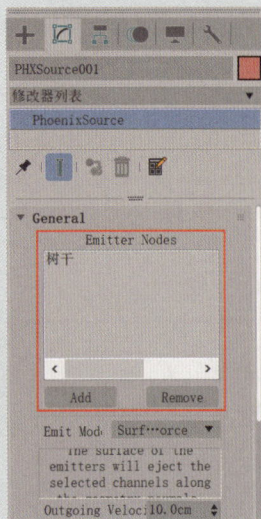

图 9-16

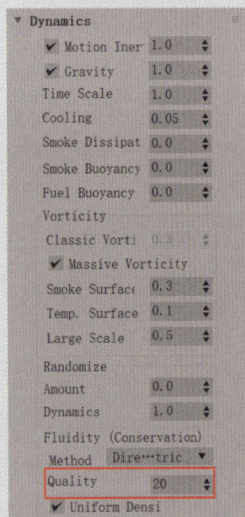

图 9-17

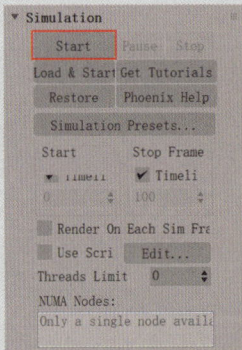

图 9-18

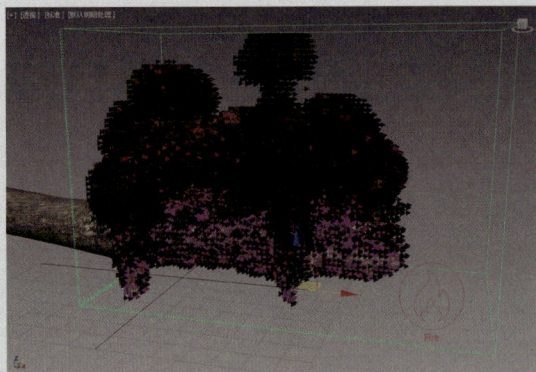

图 9-19

步骤10：在默认状态下，火烟雾模拟器所生成的燃烧效果显示为三角形的粒子状态，看起来效果不太直观。这时，可以展开Preview（预览）卷展栏，勾选GPU Preview（GPU预览）组内的Enable In Viewport（在视图中启用）选项，如图9-20所示。

步骤11：这样可以更加方便地在视口中观察到火烟雾模拟器所生成的燃烧效果，如图9-21所示。

步骤12：在本实例中所要模拟的燃烧效果不需要产生非常浓的烟雾，所以选择场景中图标为火焰形状的PHX源对象，在"修改"面板中，应取消勾选Smoke（烟雾）选项，并勾选Fuel（燃料）选项，如图9-22所示。

步骤13：设置完成后，在场景中选择火烟雾模拟器，单击Simulation（模拟）卷展栏中的Start（开始）按钮，开始计算燃烧动画，计算结果如图9-23所示。此时可以看到现在场景中的烟雾消失了。

步骤14：选择火烟雾模拟器。展开Fuel（燃料）卷展栏，勾选Enable Burning（启用燃烧模拟）选项，如图9-24所示。

渲染王3ds Max三维特效动画技术（第2版）

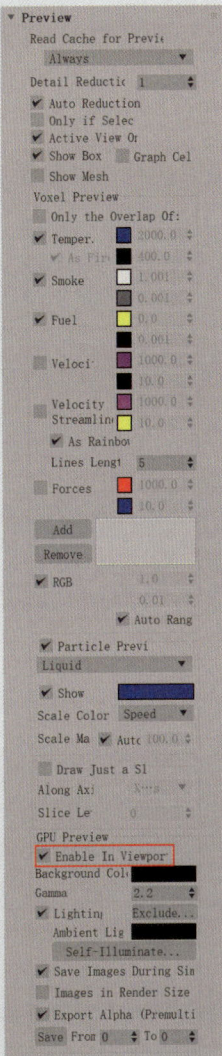

图 9-20

图 9-21

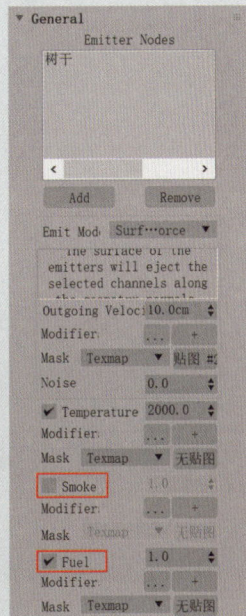

图 9-22

图 9-23

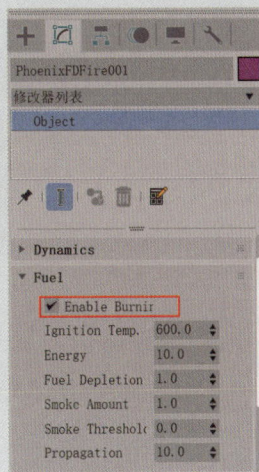

图 9-24

第 9 章 火焰燃烧特效动画技术

PhoenixFD插件有个别参数会出现英文单词显示不完整的情况，并不影响使用。

步骤15：设置完成后，在场景中选择火烟雾模拟器，再次单击Simulation（模拟）卷展栏中的Start（开始）按钮，开始计算燃烧动画，计算结果如图9-25所示。此时看到场景中又有了烟雾产生，这是因为Fuel（燃料）卷展栏中Smoke Amount（烟雾数量）这一参数在起作用，该参数默认值就会进行烟雾模拟计算。

图　9-25

9.4 使用顶点绘制控制火焰的燃烧位置

步骤1：选择场景中的树干模型，在"修改"面板中为其添加"顶点绘制"修改器，如图9-26所示。

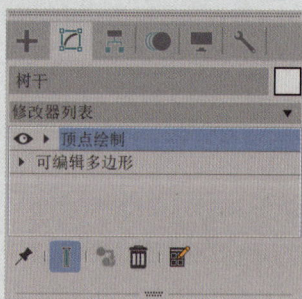

图　9-26

"顶点绘制"修改器是"修改器列表"中的最后一个修改器。

步骤2：添加完成后，系统会自动弹出"顶点绘制"对话框。在"顶点绘制"对话框中，单击"顶点颜色显示"按钮，设置当前选择的木头模型显示其顶点颜色，如图9-27所示。接下来，单击"全部绘制"按钮，如图9-28所示。此时，树干模型将呈黑色状态显示，如图9-29所示。

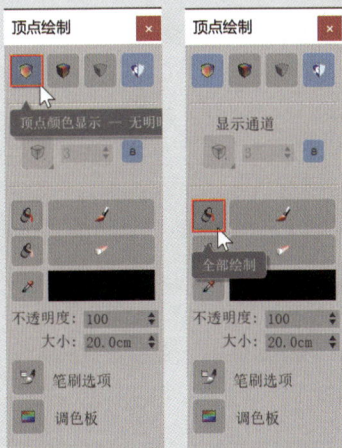

图 9-27　　图 9-28

图 9-29

步骤3：先设置"绘制"按钮下方的颜色控件的颜色为白色，然后再单击"绘制"按钮，如图9-30所示。

步骤4：在树干模型上进行绘制，绘制完成的部分将显示出木头模型上的贴图纹理，这些被绘制出来的区域将来可以设置为树干模型上的着火点，如图9-31所示。

图 9-30

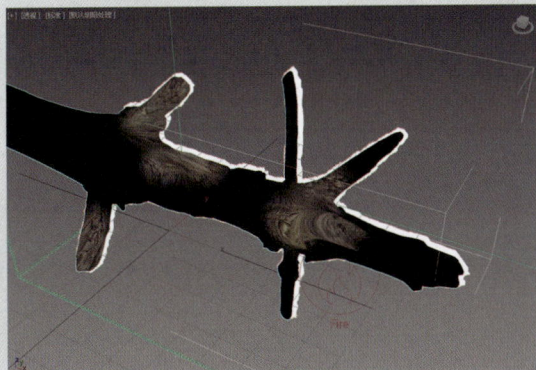

图 9-31

◎技巧与提示·◦

单击"顶点绘制"对话框内的"笔刷选项"按钮，如图9-32所示。在系统自动弹出的"绘制选项"面板中，通过调整"最大大小"的值可以控制笔刷的大小，如图9-33所示。

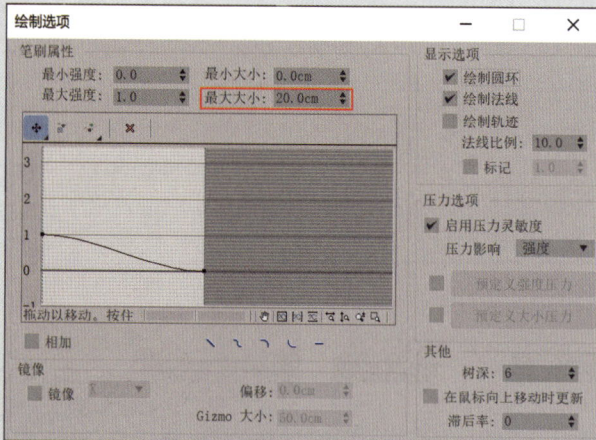

图 9-32 图 9-33

步骤5： 顶点绘制完成后，在场景中选择图标为火焰形状的PHX源对象，如图9-34所示。

步骤6： 在"修改"面板中，设置Mask（遮罩）为Vertex Color（顶点颜色），如图9-35所示。

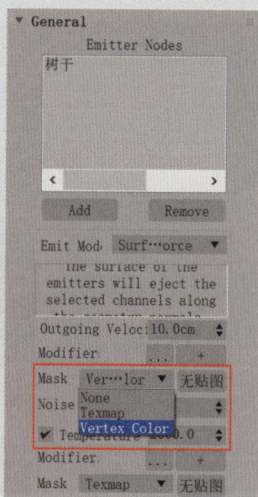

图 9-34 图 9-35

步骤7： 设置完成后，在场景中选择火烟雾模拟器，单击Simulation（模拟）卷展栏中的Start（开始）按钮，开始计算燃烧动画，计算结果如图9-36所示，火焰将只从树干模型上绘制的区域开始产生。

步骤8： 从现在的模拟结果上看，产生的火苗和烟雾较多，所以应对相应的参数进行修改。展开Fuel（燃料）卷展栏，设置Energy（能量）为9，Smoke Amount（烟雾数量）为0.1，如图9-37所示。

步骤9： 在Dynamics（动力学）卷展栏中，设置Cooling（冷却）为0.2，Smoke Dissipate（烟雾消散）为0.9，如图9-38所示。

步骤10： 设置完成后，在场景中选择火烟雾模拟器，单击Simulation（模拟）卷展栏中的Start（开始）按钮，开始计算燃烧动画，计算结果如图9-39所示。这一次计算出来的火苗和烟雾少了许多。

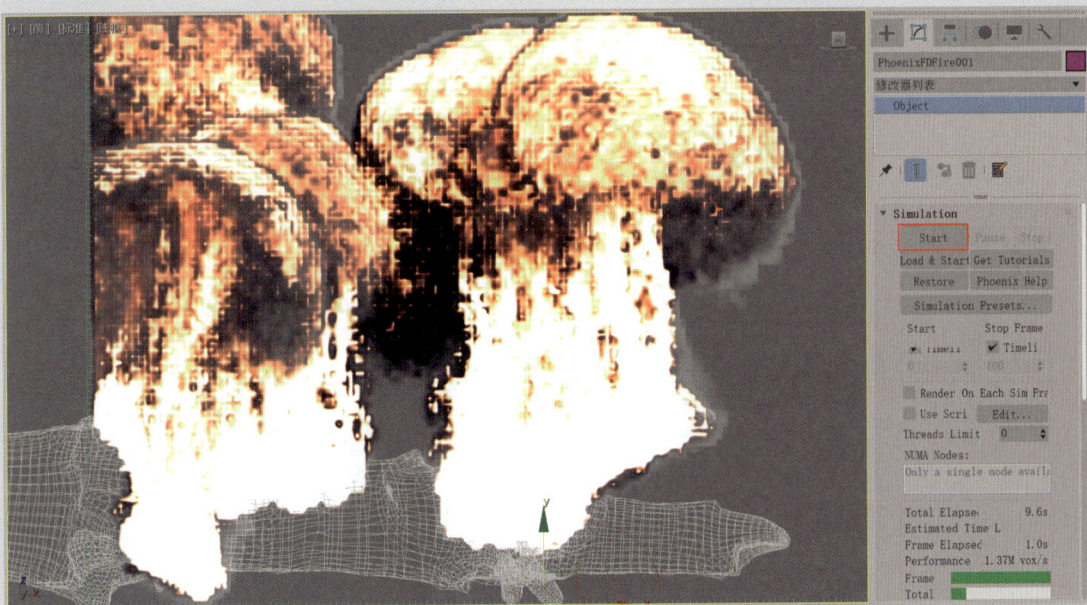

图 9-36

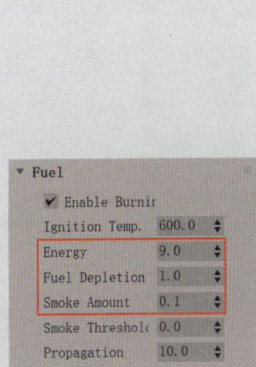

图 9-37

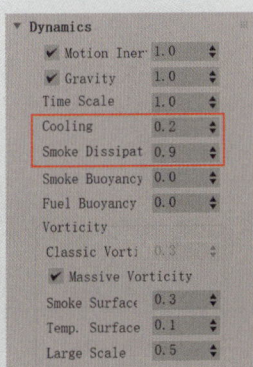

图 9-38

图 9-39

9.5 使用PlainForce模拟风效果

　　步骤1：在"创建"面板中，单击PlainForce（平力）按钮，如图9-40
所示。

　　步骤2：在场景中创建一个带有箭头图标的平力，如图9-41所示。

　　步骤3：调整平力的箭头方向及图标位置至如图9-42所示。

　　步骤4：在"修改"面板中，设置平力的Strength（强度）值为600cm，
如图9-43所示。

　　步骤5：设置完成后，在场景中选择火烟雾模拟器，在"修改"面板中，

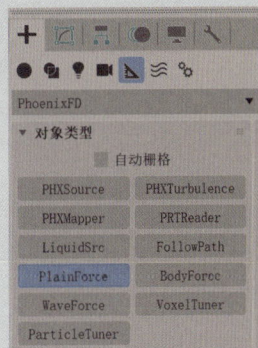

图 9-40

第9章 火焰燃烧特效动画技术

149

单击Simulation（模拟）卷展栏中的Start（开始）按钮，开始计算燃烧动画，计算结果如图9-44所示。此时可以看到现在树干上的火焰燃烧方向已经发生了改变。

图 9-41

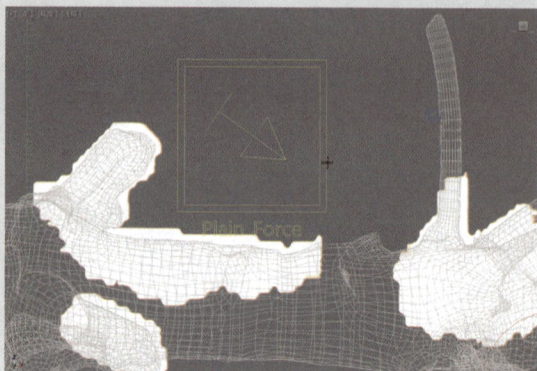

图 9-42

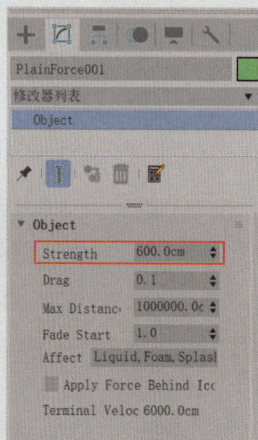

图 9-43

图 9-44

9.6 使用PHXTurbulence添加燃烧细节

步骤1：在"创建"面板中，单击PHXTurbulence（PHX湍流）按钮，如图9-45所示。

步骤2：在场景中任意位置处创建一个PHX湍流，如图9-46所示。

步骤3：在"修改"面板中，设置Strength（强度）为1000，Size（尺寸）为150cm，Fractal Depth（分形深度）为5，如图9-47所示。

步骤4：设置完成后，在场景中选择火烟雾模拟器，在"修改"面板中，单击Simulation（模拟）卷展栏中的Start（开始）按钮，开始计算燃烧动画，计算结果如图9-48所示。此时可以看到树干上的火焰燃烧方向产生了更加细致的变化。

步骤5：在Grid（栅格）卷展栏中，设置Adaptive Grid（适应栅格）为Temperature（温度），如图9-49所示。

渲染王3ds Max三维特效动画技术（第2版）

150

图 9-45

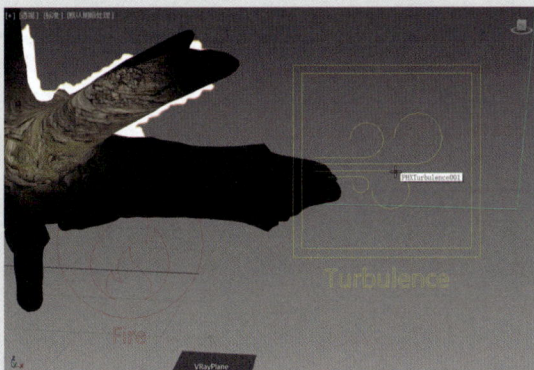

图 9-46

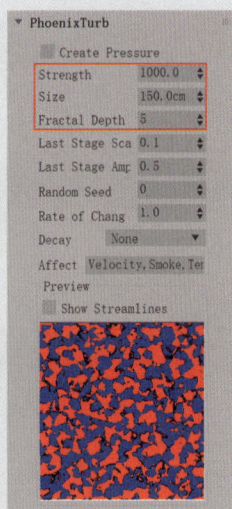

图 9-47

图 9-48

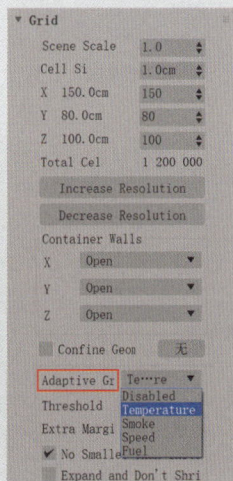

图 9-49

步骤6：单击Simulation（模拟）卷展栏中的Start（开始）按钮，开始计算燃烧动画，本实例最终计算完成的燃烧动画结果如图9-50~图9-53所示。

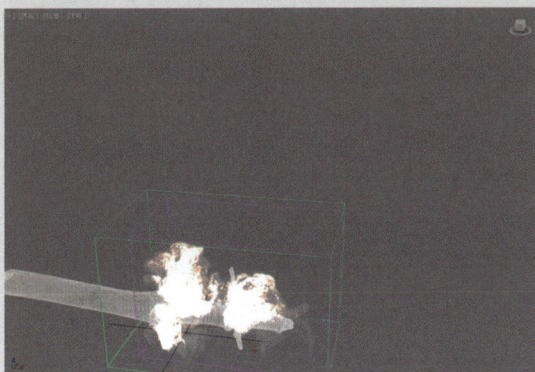

图 9-50

图 9-51

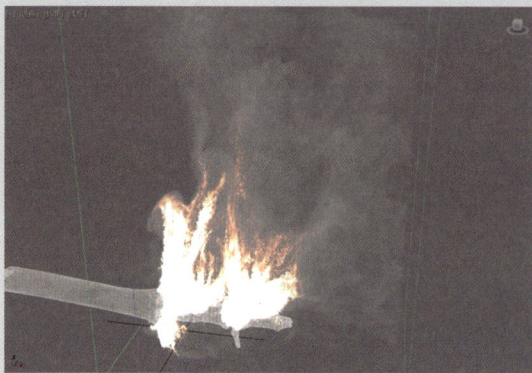

图 9-52

图 9-53

9.7 创建摄影机和灯光

步骤1：在"创建"面板中，单击VRayPhysicalCamera按钮，如图9-54所示。

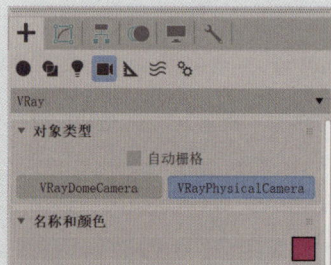

图 9-54

步骤2：在"顶"视图中创建一个VRay物理摄影机，如图9-55所示。

步骤3：在"摄影机"视图中调整拍摄角度至如图9-56所示。

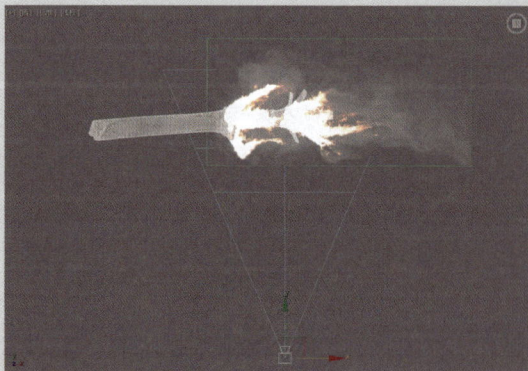

图 9-55

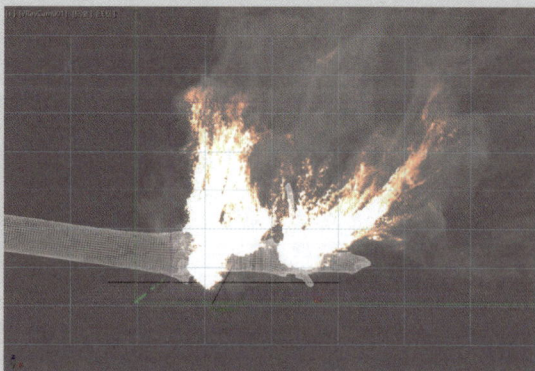

图 9-56

步骤4：在"创建"面板中，单击VRayPlane（VRay平面）按钮，如图9-57所示。在场景中创建一个VRay平面图标，如图9-58所示。

152

图 9-57

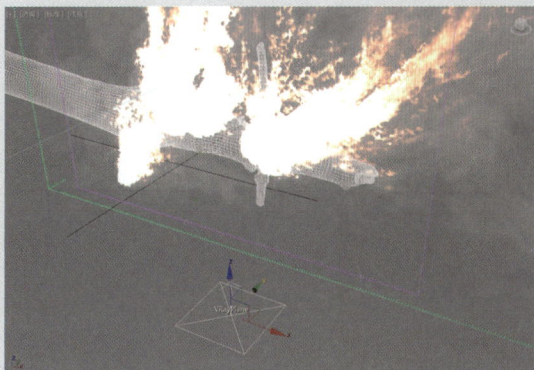

图 9-58

步骤5：在"修改"面板中，单击"取色器"按钮，如图9-59所示。在弹出的"对象颜色"对话框中设置VRay平面的颜色为灰色，如图9-60所示。

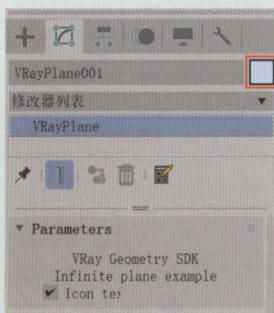

图 9-59

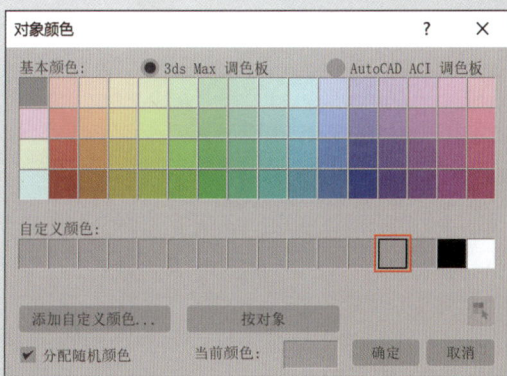

图 9-60

步骤6：设置完成后，渲染"摄影机"视图，渲染结果如图9-61所示。

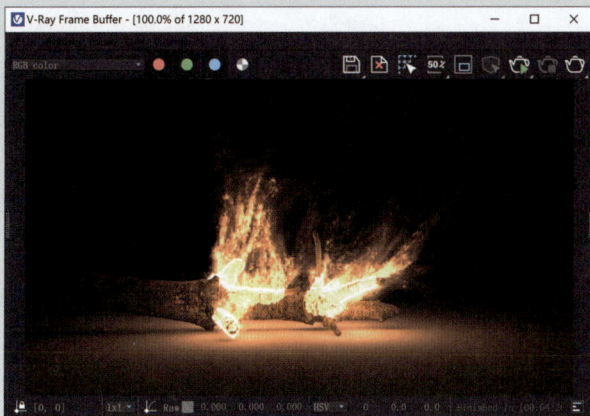

图 9-61

第9章 火焰燃烧特效动画技术

步骤7：在"创建"面板中，将灯光的下拉列表切换至VRay，单击VRaySun（VRay太阳）按钮，如图9-62所示。

图 9-62

步骤8：在"前"视图中创建一个VRay太阳灯光，如图9-63所示，创建时，系统会自动弹出V-Ray Sun对话框，如图9-64所示，单击"是"按钮，完成灯光的创建。

图 9-63

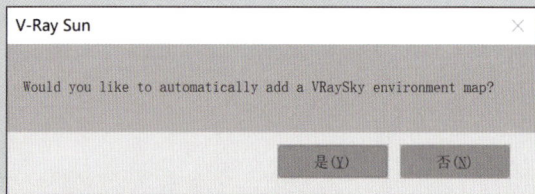

图 9-64

步骤9：在"顶"视图中，调整VRay太阳灯光的位置至如图9-65所示。

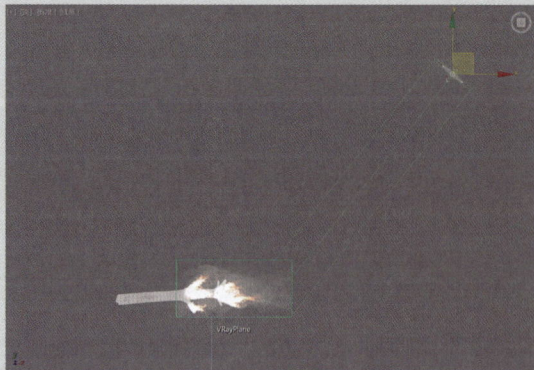

图 9-65

9.8 渲染输出

步骤1：打开"渲染设置"面板，可以看到场景已经预先设置了使用VRay渲染器来渲染场景，如图9-66所示。

步骤2：在V-Ray选项卡中，展开Image sampler（Antialiasing）（图像采样（抗锯齿））卷展栏，设置Type（类型）为Bucket（渲染块），如图9-67所示。

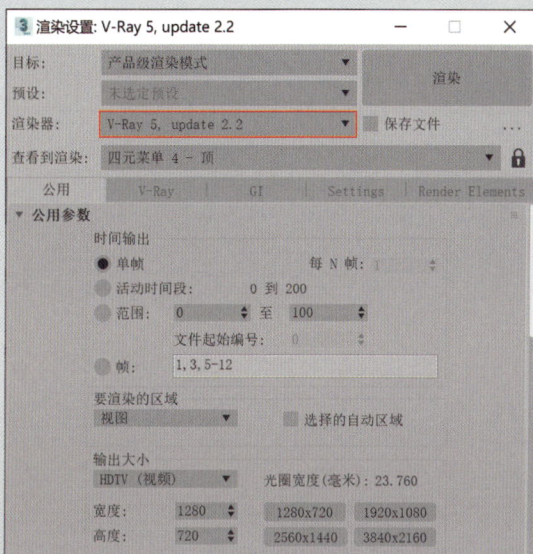

图 9-66

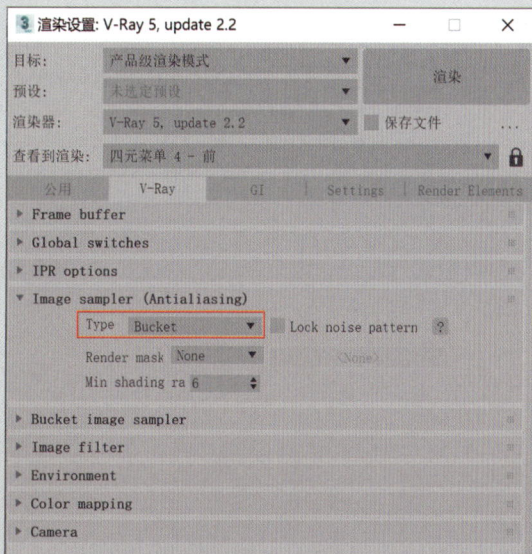

图 9-67

步骤3：渲染"摄影机"视图，渲染结果如图9-68所示。

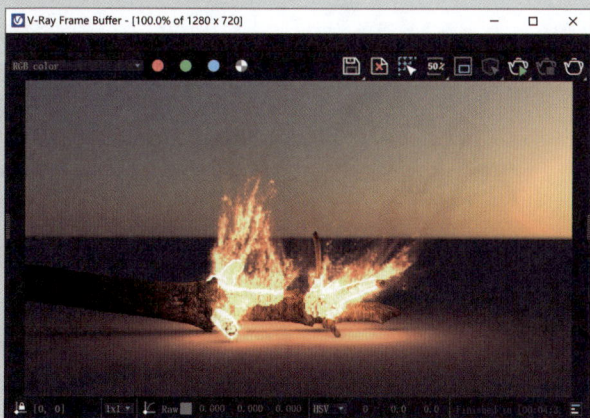

图 9-68

步骤4：从渲染结果上看，烟雾有些太淡了。选择火烟雾模拟器，展开Rendering（渲染）卷展栏，单击Volumetric Options（体积选项）按钮，如图9-69所示。

步骤5：在弹出的Chaos Phoenix：Volumetric Render Settings（体积渲染设置）面板中，展开 Smoke Opacity（烟雾不透明）卷展栏，设置Based on （基于）为Temperature（温度），并调整 Opacity diagram（不透明示意图）曲线的形态至如图9-70所示。

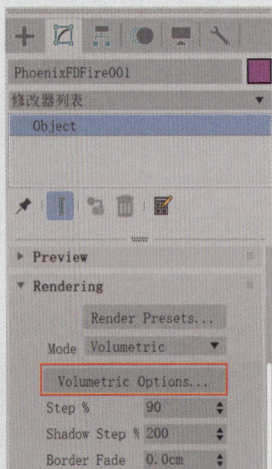

图 9-69

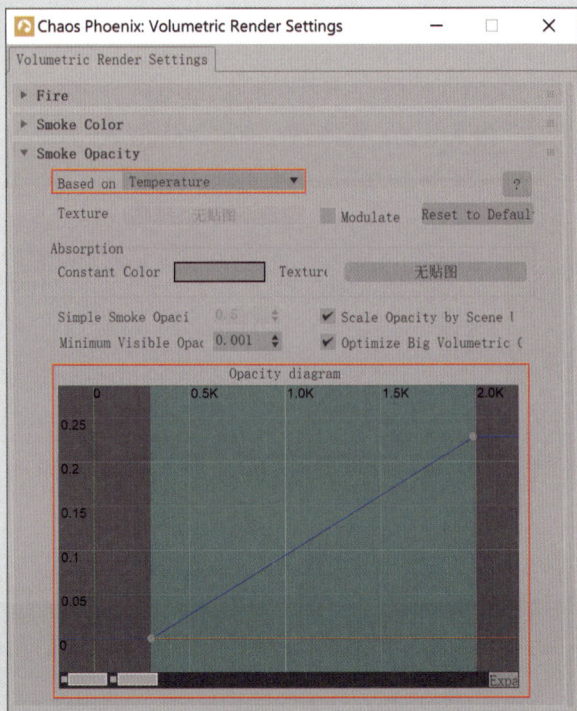

图 9-70

步骤6：设置完成后，烟雾的视图显示结果如图9-71所示。

步骤7：再次渲染场景，本实例的最终渲染结果如图9-72所示。

图 9-71

图 9-72

第10章

火焰喷射特效动画技术

10.1 效果展示

本章为大家讲解如何在3ds Max中制作一个火焰喷射的动画特效，需要注意的是，制作这一特效需要使用到Chaosgroup公司生产的Phoenix FD火凤凰插件及VRay渲染器。

本章的特效动画最终渲染效果如图10-1所示。

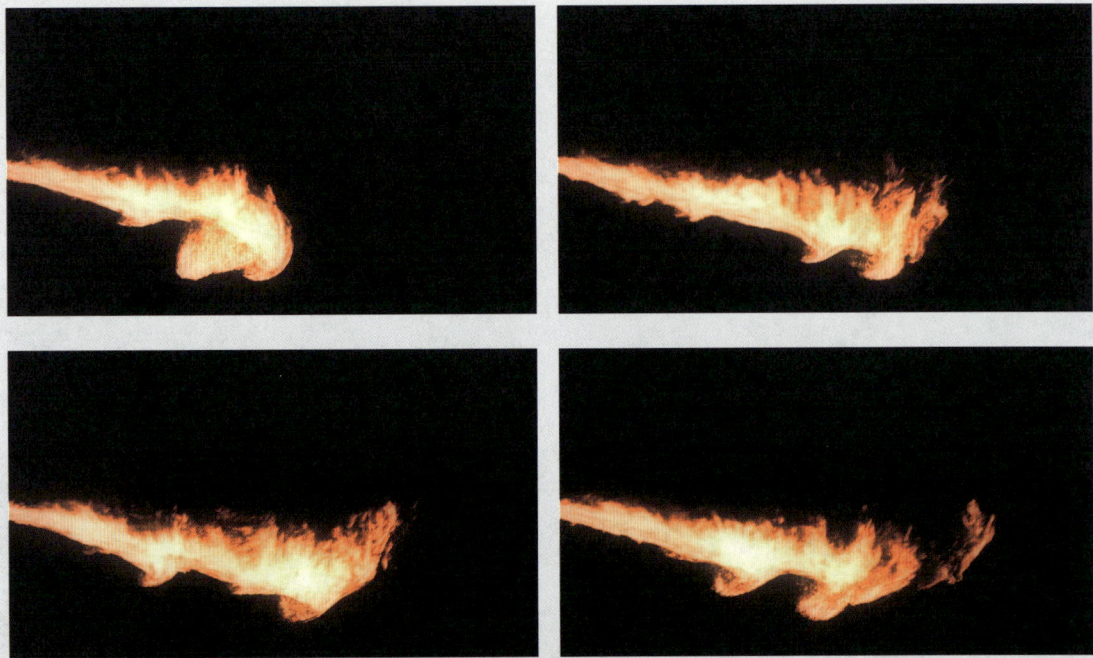

图 10-1

10.2 创建粒子流源

步骤1：启动中文版3ds Max 2022软件，执行菜单栏"自定义"|"单位设置"命令，如图10-2所示。

步骤2：在弹出的"单位设置"对话框中，将"显示单位比例"设置为"厘米"，如图10-3所示。

步骤3：单击"单位设置"对话框中的"系统单位设置"按钮，在弹出的"系统单位设置"对话框中设置1单位=1厘米，如图10-4所示。

步骤4：在"创建"面板中单击"粒子流源"按钮，如图10-5所示。

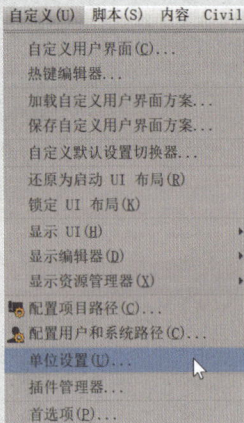

图 10-2

图 10-3 图 10-4 图 10-5

步骤5：在场景中创建一个粒子流源图标，如图10-6所示。

步骤6：在"修改"面板中，展开"发射"卷展栏，设置"徽标大小"为3cm，"图标类型"为"圆形"，"直径"为5cm，"视口"为100，如图10-7所示。

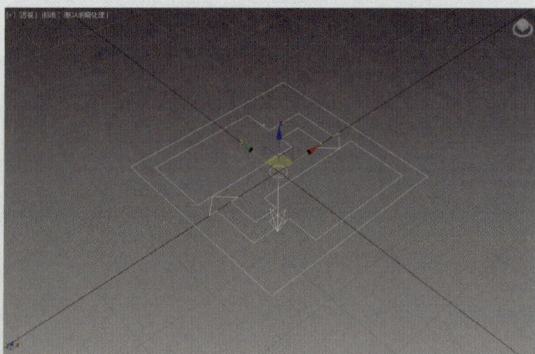

图 10-6 图 10-7

步骤7：设置完成后，粒子流源图标的视图显示结果如图10-8所示。

步骤8：在场景中调整其位置和角度至如图10-9所示。

图10-8 图10-9

步骤9：设置完成后，播放场景动画，粒子的默认动画效果如图10-10所示。

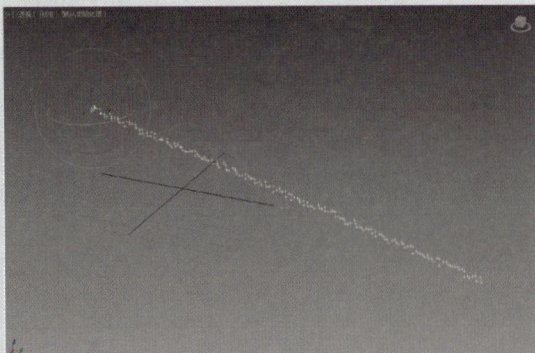

图 10-10

10.3 在粒子视图中调整粒子动画

步骤1：执行菜单栏"图形编辑器"|"粒子视图"命令，如图10-11所示。

步骤2：在"仓库"中选择"删除"操作符，拖曳至工作区中并添加至"事件001"中。设置"移除"为"按粒子年龄"，设置"寿命"为18，"变化"为5，如图10-12所示。

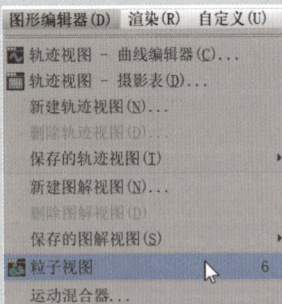

图 10-11

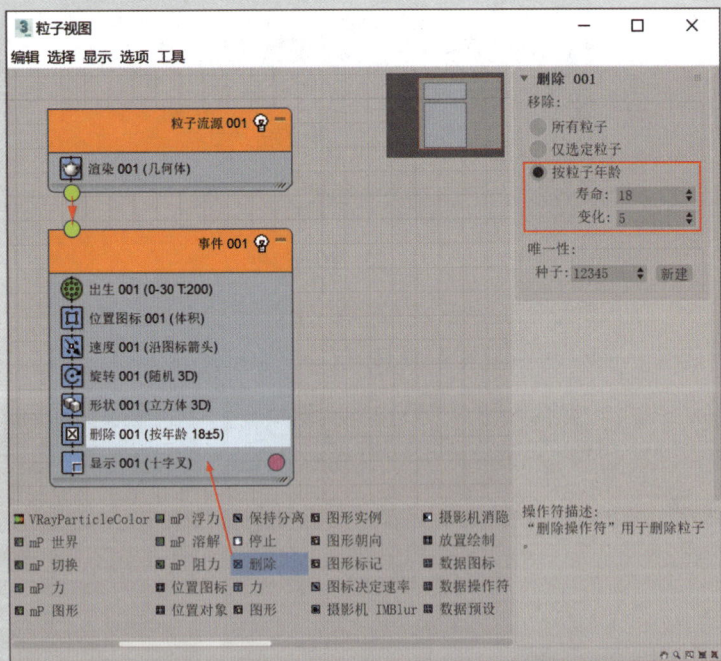

图 10-12

步骤3：选择"出生001"操作符，设置"发射开始"为0，"发射停止"为100，"速率"为500，如图10-13所示。

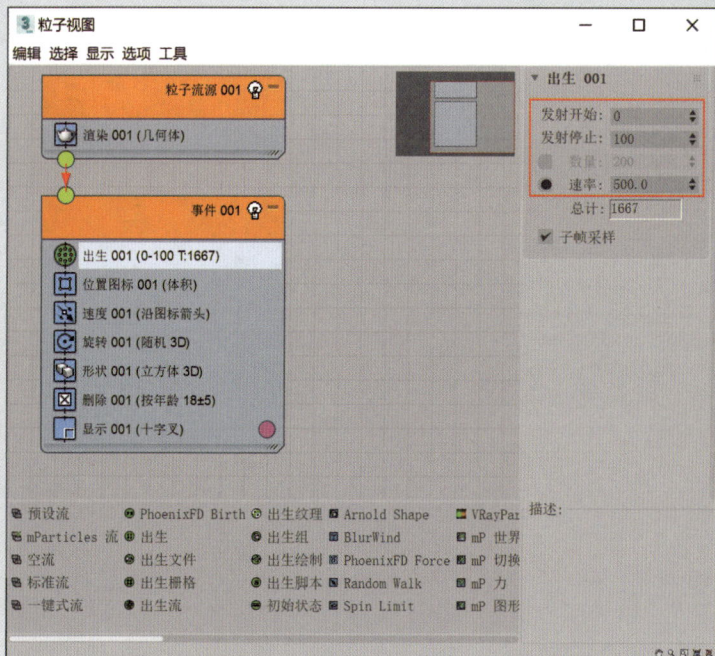

图 10-13

步骤4：选择"形状001"操作符，设置"大小"为1cm，如图10-14所示。

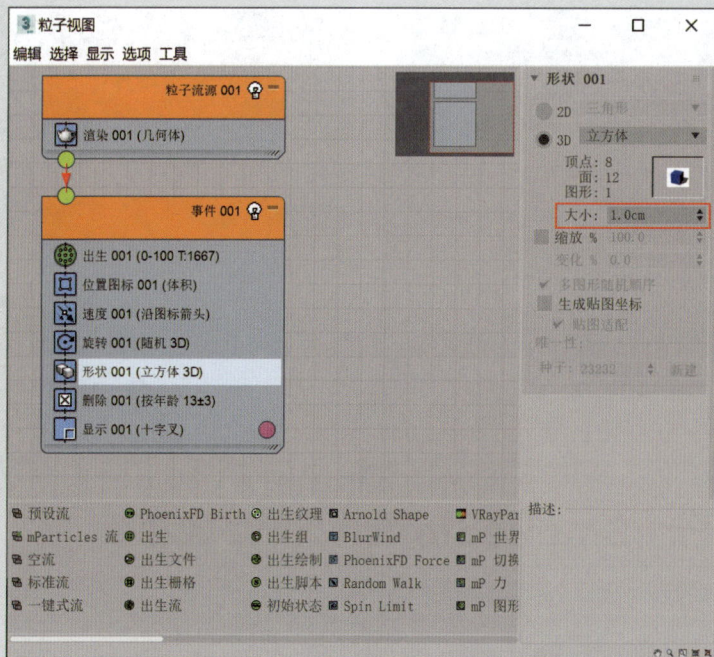

图 10-14

步骤5：选择"显示001"操作符，设置"类型"为"几何体"，如图10-15所示。

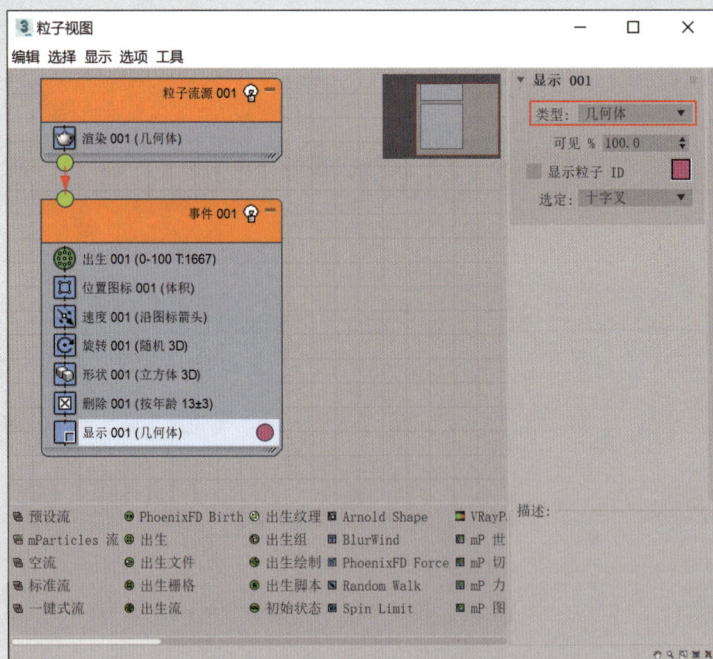
图 10-15

步骤6：设置完成后，场景中粒子的动画效果如图10-16和图10-17所示。

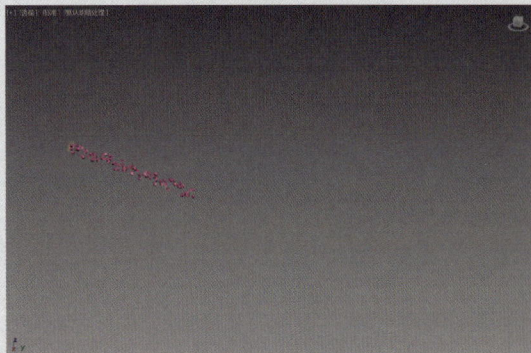
图 10-16

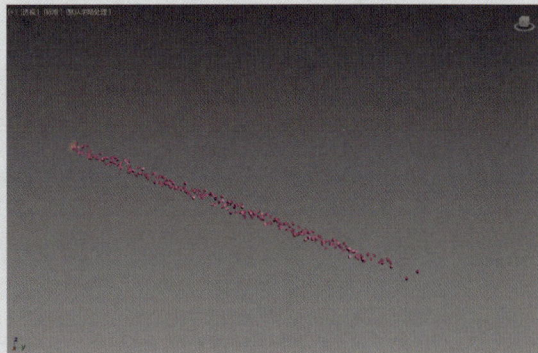
图 10-17

10.4 使用FireSmokeSim制作火焰燃烧动画

步骤1：在"创建"面板中，将"几何体"的下拉列表切换至PhoenixFD选项，单击FireSmokeSim（火烟雾模拟器）按钮，如图10-18所示。在场景中创建一个火烟雾模拟器，如图10-19所示。

步骤2：在"修改"面板中，展开Grid（栅格）卷展栏，设置X、Y和Z分别为50、260和100，这样，火烟雾模拟器的Total Cel（总计格单元）的值显示为1 300 000，如图10-20所示。

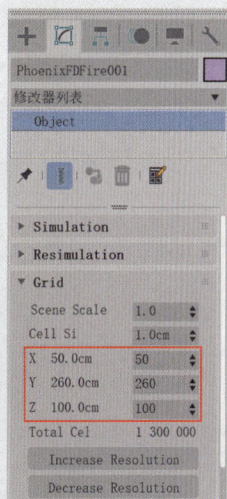

图 10-18   图 10-19   图 10-20

步骤3：在"创建"面板中，将"辅助对象"的下拉列表切换至PhoenixFD选项，单击PHXSource按钮，如图10-21所示。

步骤4：在场景中创建一个图标为火焰形状的PHX源对象，如图10-22所示。

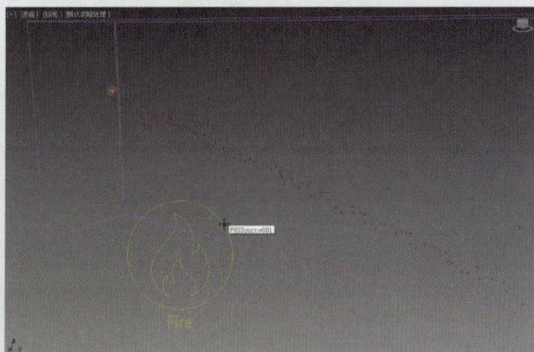

图 10-21   图 10-22

步骤5：在"修改"面板中，展开General（常规）卷展栏，先单击Add（添加）按钮，再单击场景中的粒子对象，这时，系统会自动弹出Available Events（获取事件）对话框，如图10-23所示。

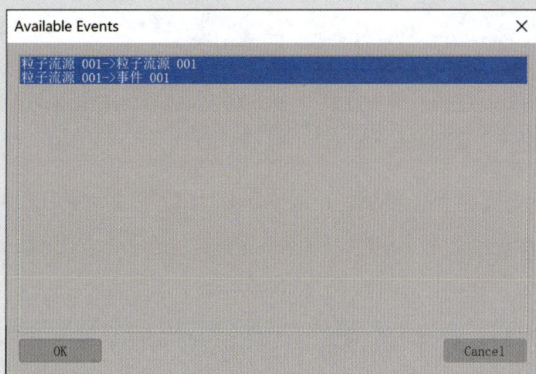

图 10-23

步骤6：单击OK按钮关闭该对话框后，即可看到粒子事件被添加在Emitter Nodes（发射节点）下方的对象列表里，如图10-24所示。

步骤7：在General（常规）卷展栏中，选择Emitter Nodes（发射节点）中选择"粒子流源001->事件001"，设置Temperature（温度）为1000，取消勾选Smoke（烟雾）选项，并勾选Fuel（燃料）选项，勾选Motion Vel（运动速度）选项并设置该值为2，如图10-25所示。

步骤8：在场景中选择火烟雾模拟器，如图10-26所示。

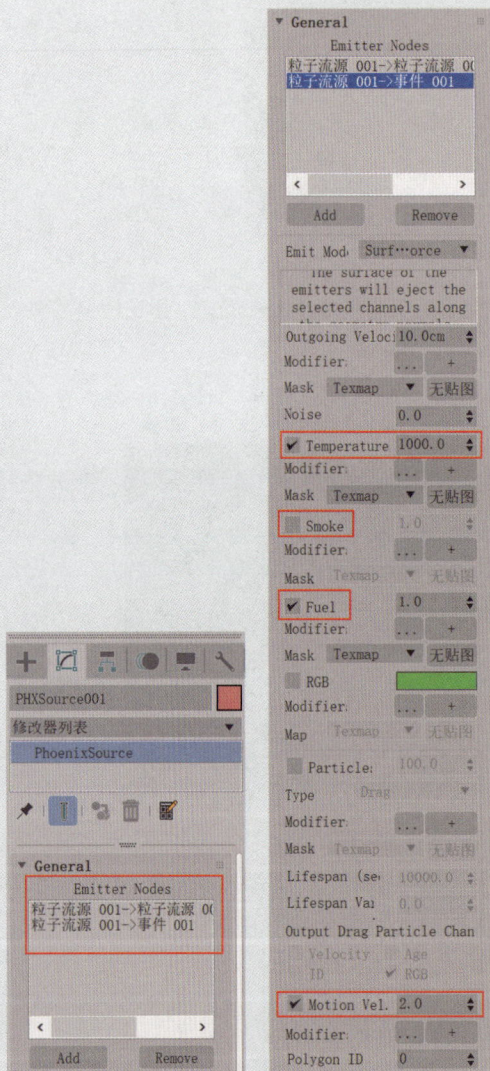

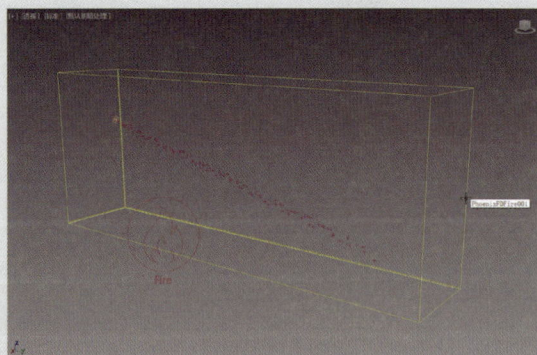

图 10-24   图 10-25   图 10-26

步骤9：展开Dynamics（动力学）卷展栏，设置Cooling（冷却）为0.5，Fuel Buoyancy（燃料浮力）为-5，Fluidity（Conservation）（流动（守恒））组内的Quality（质量）为50，提高燃烧动画的计算质量，如图10-27所示。

步骤10：展开Fuel（燃料）卷展栏，勾选Enable Burning（启用燃烧模拟）选项，如图10-28所示。

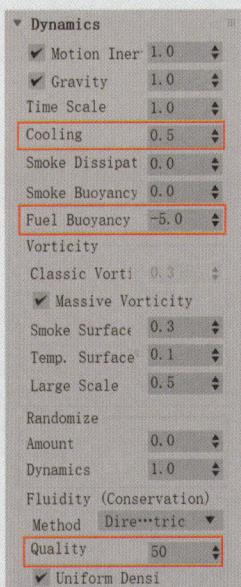

图 10-27

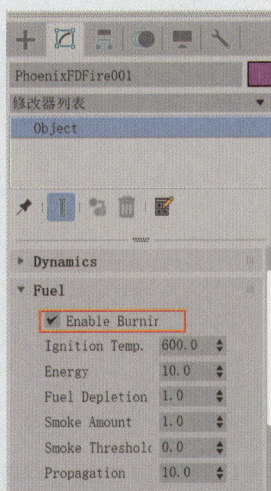

图 10-28

步骤11：设置完成后，展开Simulation（模拟）卷展栏，单击Start（开始）按钮，如图10-29所示。

步骤12：计算完成后，火焰燃烧动画的计算结果如图10-30所示。

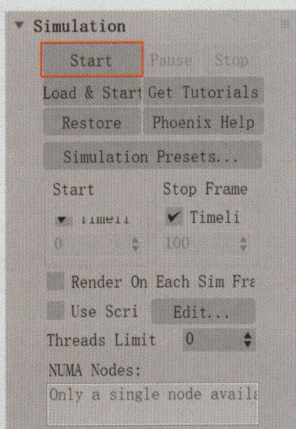

图 10-29

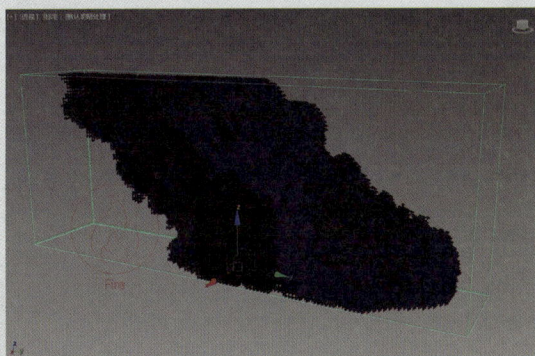

图 10-30

步骤13：在默认状态下，火烟雾模拟器所生成的燃烧效果显示为三角形的粒子状态，看起来效果不太直观。这时，可以展开Preview（预览）卷展栏，勾选GPU Preview（GPU预览）组内的Enable In Viewport（在视图中启用）选项，如图10-31所示。

步骤14：这样可以更加方便地在视口中观察到火烟雾模拟器所生成的燃烧效果，如图10-32所示。

步骤15：在Fuel（燃料）卷展栏中，设置Energy（能量）为20，Smoke Amount（烟雾数量）为0，Propagation（传播）为5，如图10-33所示。

步骤16：设置完成后，在场景中选择火烟雾模拟器，单击Simulation（模拟）卷展栏中的Start（开始）按钮，开始计算燃烧动画，计算结果如图10-34所示。此时可以看到场景中的烟雾消失了。

01
02
03
04
05
06
07
08
09
10

第10章 火焰喷射特效动画技术

图 10-31

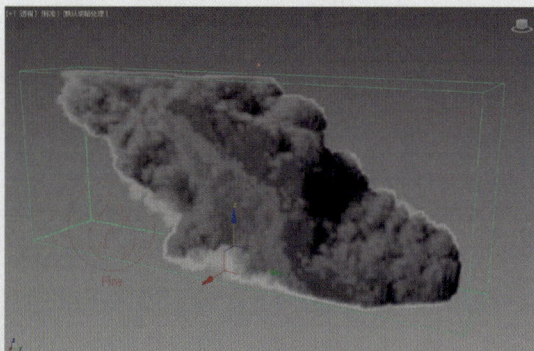

图 10-32

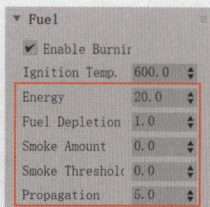

图 10-33

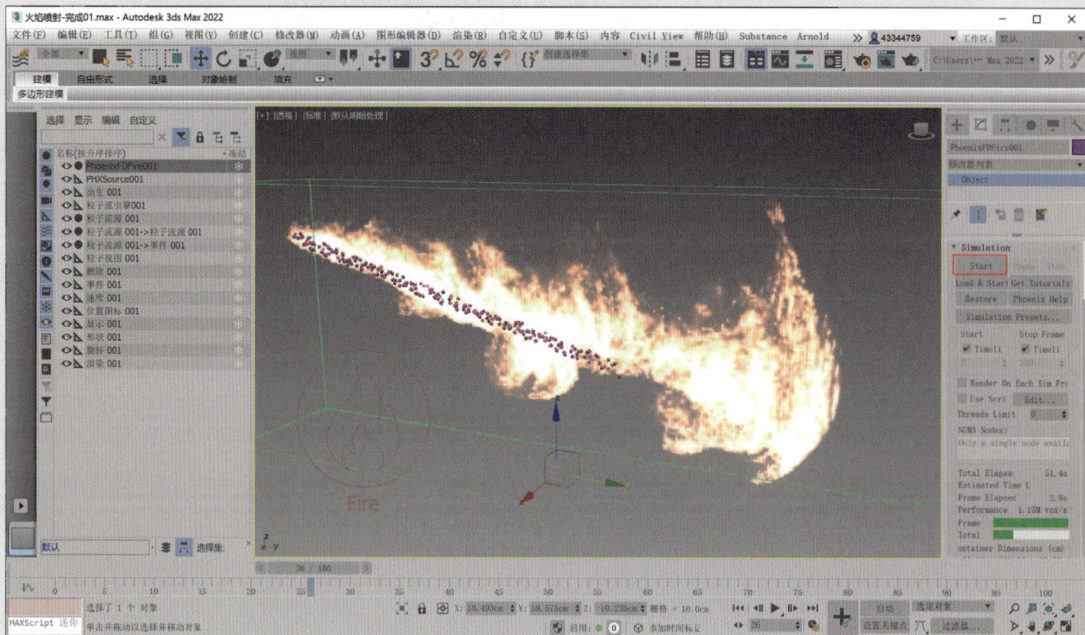

图 10-34

步骤17：在Grid（栅格）卷展栏中，设置Cell Size（单元格大小）为0.75cm，Z为Jammed（-），设置Adaptive Grid（适应栅格）为Temperature（温度），如图10-35所示。

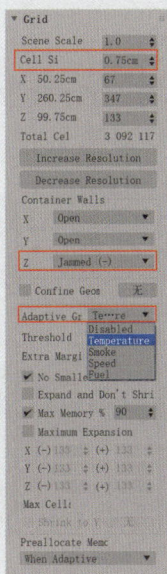

图 10-35

步骤18：设置完成后，在场景中选择火烟雾模拟器，单击Simulation（模拟）卷展栏中的Start（开始）按钮，开始计算燃烧动画，本实例最终计算完成的火焰喷射效果如图10-36~图10-39所示。

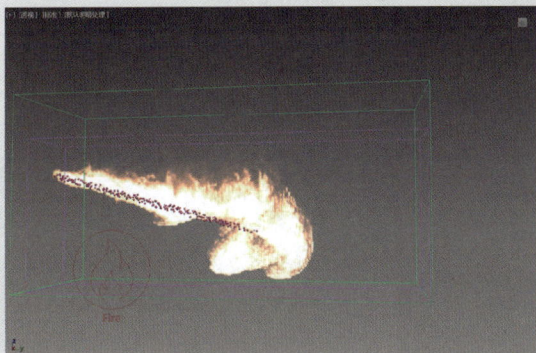

图 10-36

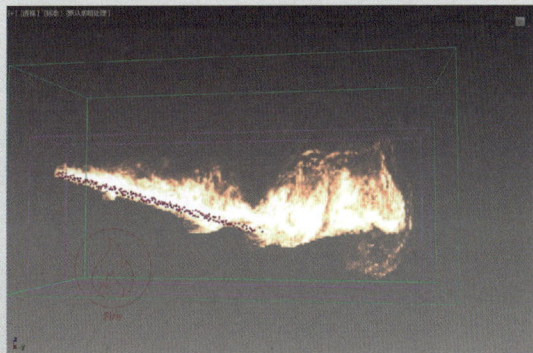

图 10-37

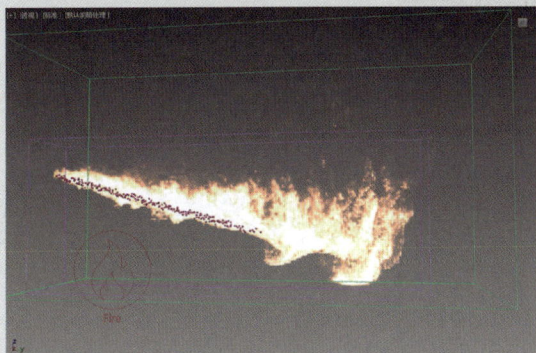

图 10-38

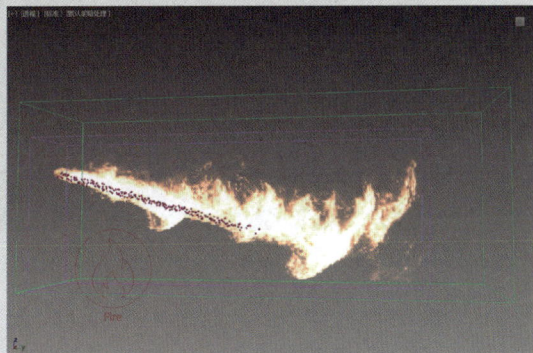

图 10-39

10.5　创建物理摄影机

步骤1：在"创建"面板中，单击VRayPhysicalCamera按钮，如图10-40所示。

步骤2：在"顶"视图中创建一个VRay物理摄影机，如图10-41所示。

步骤3：在"摄影机"视图中调整拍摄角度至如图10-42所示。

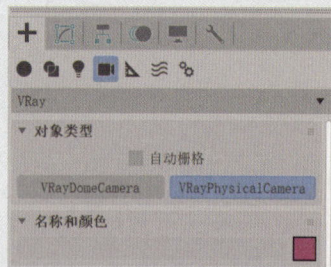

图 10-40

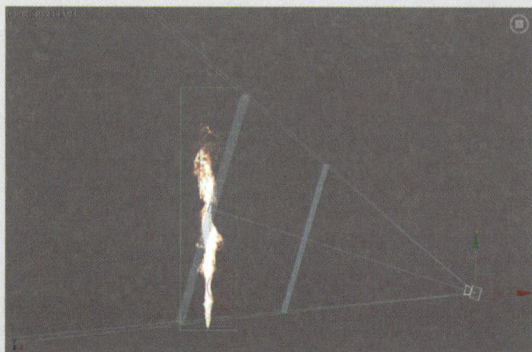

图 10-41

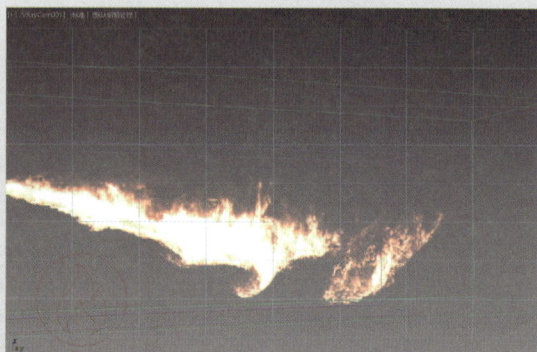

图 10-42

步骤4：将场景中的粒子隐藏起来。渲染场景，渲染结果如图10-43所示。从渲染结果上看，火焰的亮度较暗。

步骤5：选择火烟雾模拟器，展开Rendering（渲染）卷展栏，单击Volumetric Options（体积选项）按钮，如图10-44所示。

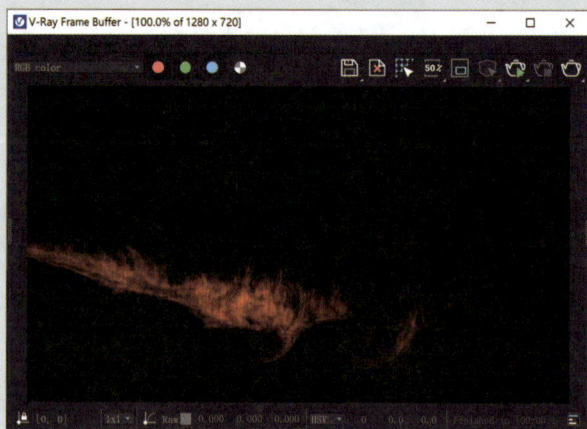

图 10-43

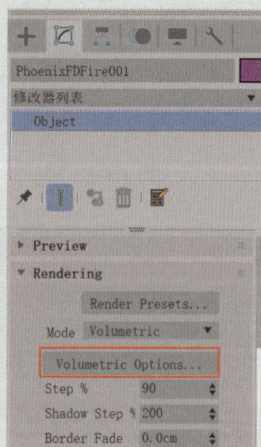

图 10-44

步骤6：在弹出的Chaos Phoenix：Volumetric Render Settings（体积渲染设置）面板中，展开Fire（火焰）卷展栏，设置Fire Multip（火焰倍增）为20，并调整Remap Grid Color and Intensity（颜

色和亮度栅格）曲线的形态至如图10-45所示。

步骤7：设置完成后，再次渲染场景，渲染结果如图10-46所示。

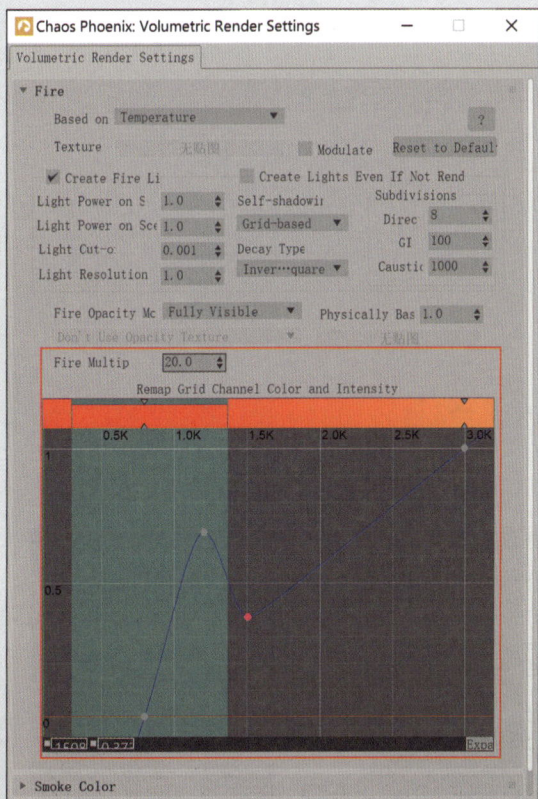

图 10-45

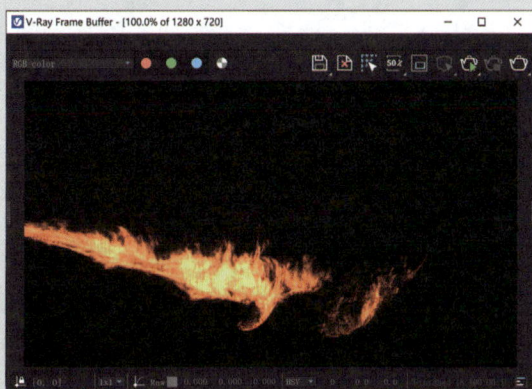

图 10-46

步骤8：选择场景中的摄影机，在DoF&Motion blur（景深和运动模糊）卷展栏中，勾选Motion blur（运动模糊）选项，如图10-47所示。

步骤9：渲染场景，渲染结果如图10-48所示。

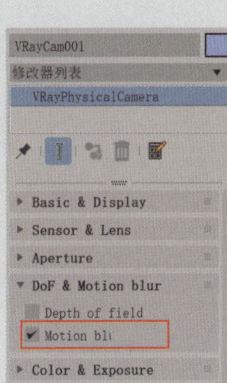

图 10-47

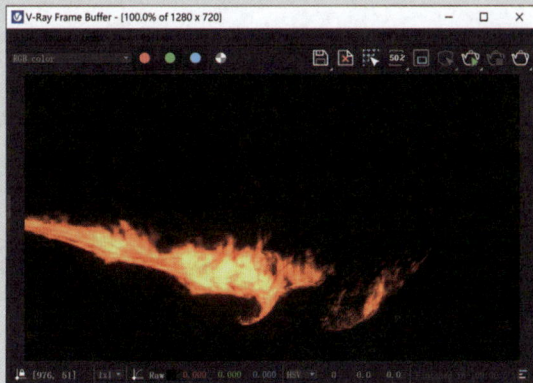

图 10-48

在Chaos Phoenix：Volumetric Render Settings（体积渲染设置）面板中，在颜色条上可以通过双击的方式来添加颜色节点，并更改颜色条的色彩，如图10-49所示，这样就可以渲染出其他颜色的火焰效果。

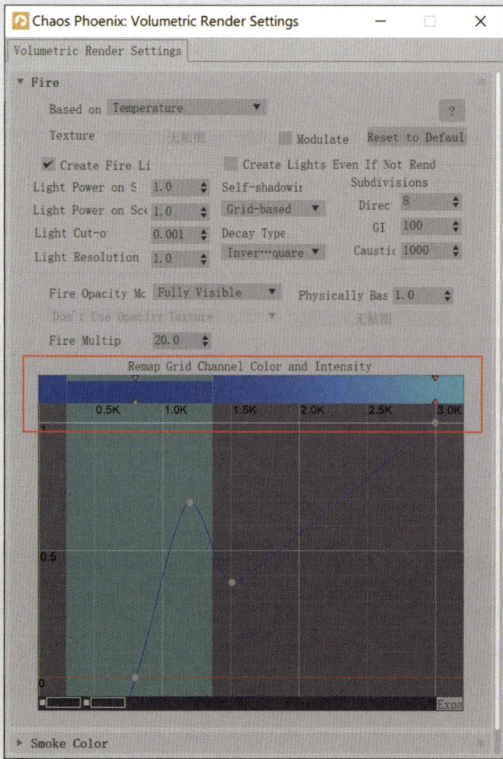

图 10-49

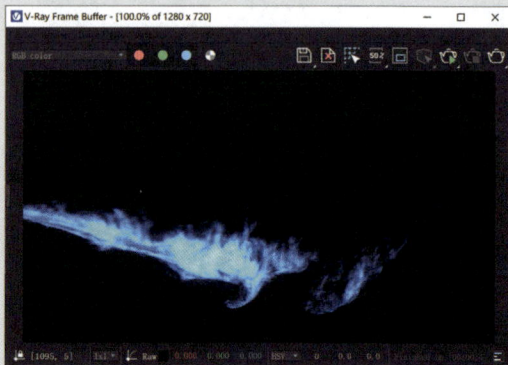

图 10-50

10.6 渲染设置

步骤1：打开"渲染设置"面板，可以看到场景已经预先设置了使用VRay渲染器来渲染场景，如图10-51所示。

步骤2：在V-Ray选项卡中，展开Image sampler（Antialiasing）（图像采样（抗锯齿））卷展栏，设置Type（类型）为Bucket（渲染块），如图10-52所示。

步骤3：渲染场景，渲染结果如图10-53所示。

步骤4：单击Create Layer（创建图层）按钮，在弹出的菜单中执行Curves（曲线）命令，如图10-54所示。

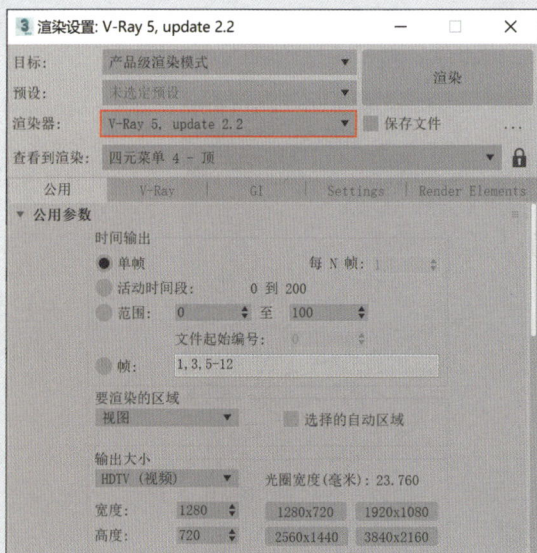

图 10-51

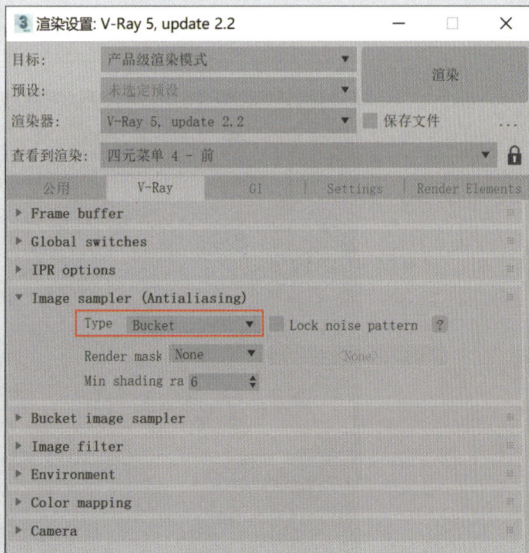

图 10-52

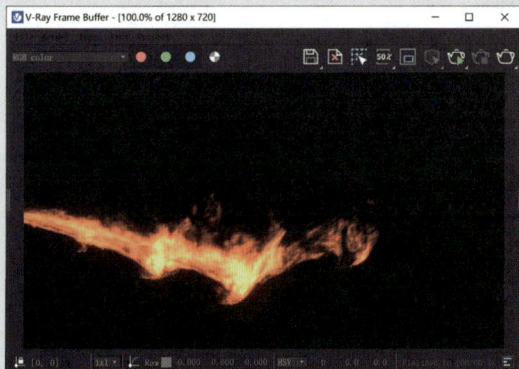

图 10-53

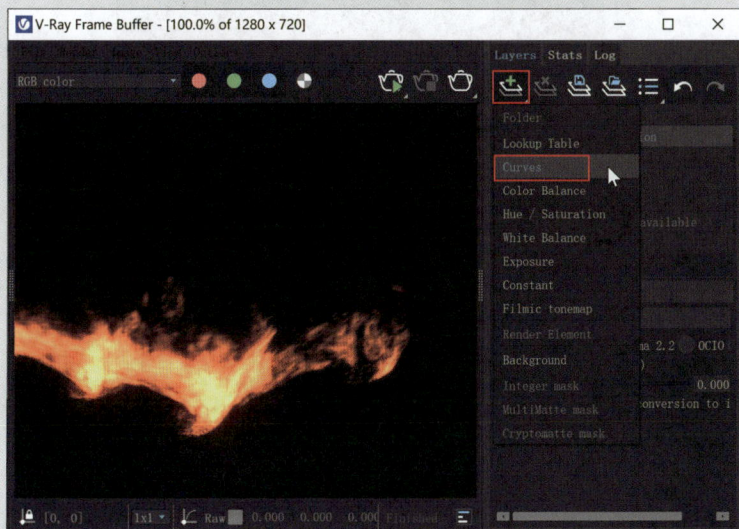

图 10-54

步骤5：调整曲线图层的曲线图至如图10-55所示，提升渲染图像的亮度。

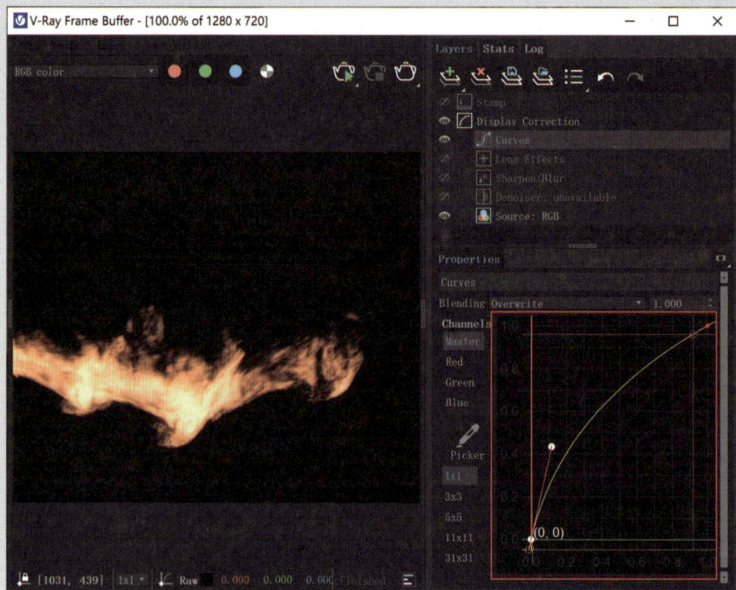

图　10-55

步骤6：本实例的最终渲染结果如图10-56所示。

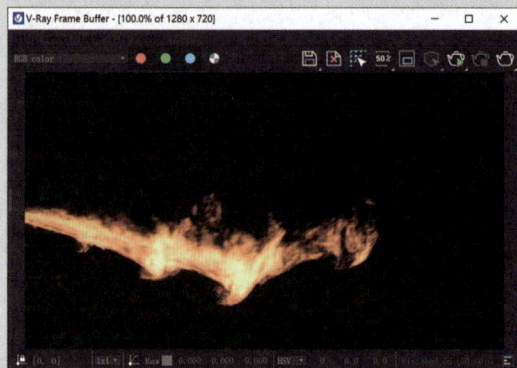

图　10-56

渲染王3ds Max三维特效动画技术（第2版）